琥 珀

——大自然的时空飞梭

〔英〕安德鲁·罗斯 著

徐洪河 刘 晔 王 博 译著

科学出版社

北 京

图字：01-2014-3541

内 容 简 介

　　通过本书，您将了解：琥珀是如何形成的，在哪里可以发现琥珀，以及如何区分真假琥珀。本书还阐述了琥珀在科学和艺术领域的多种用途，也探讨了从琥珀昆虫中提取 DNA 的艰辛过程。对琥珀中蕴藏的各种生物，本书还给出了照片、图示以及必要的识别要点用于帮助鉴定。本书包含大量精美的琥珀图片，汇集了众多重要自然历史博物馆中的琥珀藏品。另外，书末还专门介绍了关于中国抚顺琥珀和缅甸琥珀的最新资料，对于琥珀爱好者来说，还提供了简单的分类体系，以及手工打磨琥珀的方法。

　　本书适合于琥珀爱好者以及对自然科学感兴趣的人。

Amber: The Natural Time Capsule was first published in England in 2010 by the Natural History Museum, Copyright © Natural History Museum 2010

This Edition is published by China Science Publishing & Media Ltd. (Science Press) by arrangement with the Natural History Museum, London.

图书在版编目（CIP）数据

琥珀：大自然的时空飞梭 /（英）罗斯（Ross, A.）著；徐洪河，刘晔，王博译著 . —北京：科学出版社，2014.8
书名原文：Amber: The Natural Time Capsule
ISBN 978-7-03-041704-6

Ⅰ.①琥⋯　Ⅱ.①罗⋯②徐⋯③刘⋯④王⋯　Ⅲ.①琥珀—研究　Ⅳ.① P578.98

中国版本图书馆 CIP 数据核字（2014）第 193782 号

责任编辑：孙天任 / 责任校对：蒋　萍
责任印制：张　倩 / 封面设计：许　瑞

科 学 出 版 社 出版
北京东黄城根北街 16 号
邮政编码：100717
http://www.sciencep.com
中国科学院印刷厂 印刷
科学出版社发行　各地新华书店经销

*

2014 年 8 月第　一　版　开本：B5（720×1000）
2017 年 4 月第三次印刷　印张：8 1/2
字数：171 000

定价：198.00 元
（如有印装质量问题，我社负责调换）

中文版序

当听说我的琥珀书籍要有中文版时,我很高兴。自从我在伦敦自然历史博物馆开始从事琥珀研究至今,已经 20 多年了,当时我对琥珀的兴趣来自于电影《侏罗纪公园》。从那时起,就不断报道有关于琥珀的新发现,其中不仅有对琥珀昆虫新物种或其他内含物的描述,也有世界上多处新琥珀产地的发现,其中之一就是目前备受关注的,产自中国辽宁省的抚顺琥珀。早在 1931 年,秉志先生[①]就对抚顺琥珀中保存的一种蟑螂进行了描述。但是,直到 20 世纪 70 年代,经由洪友崇教授,对抚顺琥珀的研究才算正式开始,他最近的研究成果是 2002 年出版的两本相当出色的昆虫学著作[②]。

2010 年,我前往北京参加一个化石昆虫和琥珀的学术会议,在会议期间我遇到了许多热情的"琥珀迷",并有幸拜访了马世连先生的琥珀店铺。马先生非常慷慨地赠送了几块抚顺琥珀,以供我在苏格兰国立博物馆负责的一场展览之用——2013 年在爱丁堡举办的"惊世琥珀"展览吸引了 43 000 多名游客,足见公众对琥珀的热情。

如今,新一代的古昆虫学者们正在从事抚顺琥珀的研究工作,并描述和报道了其中的昆虫新物种。在这些研究工作中,抚顺琥珀的私人藏家们认识到他们手中标本的科学价值,也愿意贡献标本用于研究。这种合作很了不起,也将势必增进对抚顺琥珀的深入认识,了解抚顺琥珀与世界上其他琥珀之间的异同。最后,中国所有的琥珀爱好者们,我希望你们永远不要失去好奇与热爱,它们是滋润我们内心的卓越品质。

安德鲁·罗斯

Andrew Ross

于苏格兰国立博物馆

2014 年 3 月

[①] 秉志 (1886~1965),字农山,原名翟秉志。我国现代生物学的先驱,动物学家、教育家。秉志是第一个对中国昆虫化石(包括琥珀)进行研究的人,但是由于标本等方面的原因,他对某些琥珀昆虫的研究无法得到现代研究的认可。——译者注(书中所有脚注均为译者注,不再标出)

[②] 这两本书分别是《中国琥珀昆虫图志》和《中国琥珀昆虫志》。

译者序

  每一个喜爱化石的人，都曾梦想过有朝一日能够坐上时光机器，回到遥远的过去，亲眼看看那些远古的生命，看看当时的环境与今天差别何在。穿越时空对于今天的我们实在太过遥远，然而，一种精美保存的特殊化石却能在一定程度上为我们带来远古世界的真实情景。虽然我们没有办法回到过去，但是这种化石却能够像时光飞梭一样，把过去带到我们眼前，这就是琥珀。在其深沉的光泽之下，保存着千万年前的生命，真实地呈现出了昔日的生命世界。

  琥珀是一种非常特殊的化石，由植物的分泌物变化而来，并且其中可能裹挟了数百万乃至数千万年前的各种动、植物遗体或遗迹。远古的动物与植物，甚至它们的生活情景都能够被琥珀封存下来，以三维的形式展示给了今天的我们。琥珀中的各种内含物保存精美，已经成为了科学研究的良好材料。即使没有保存动、植物内含物，琥珀本身也大多光泽剔透、美轮美奂，完全可以与矿物珠宝相媲美。

  笔者在从事古生物学与地层学研究工作的同时，也负责专业科普网站化石网（www.uua.cn）的具体工作，旨在给化石爱好者提供及时准确的科学知识。其附属的化石网论坛（bbs.uua.cn）是化石爱好者的网上家园，这里有很多热心的化石网友，他们的教育、职业、年龄千差万别，但是唯一的共同之处就是对化石的热爱。在化石网论坛上，古生物学领域的专家学者和化石爱好者们彼此交流，分享化石的故事与感想。正是无数化石爱好者们对化石的热爱与热情，促成了中文版的出版。这本译书也是献给化石爱好者们的一份薄礼。

  本书英文版于 2010 年由伦敦自然历史博物馆出版，原书名为"琥珀：大自然的时间胶囊"（*Amber: the natural time capsule*），正说明了琥珀的奇妙之处，就像是大自然所赐下的天然时光机器一般，将远古的一刻永远定格。作者长期工作于英国自然历史博物馆，所研究的标本大多来自该博物馆所收藏的波罗的海琥珀和多米尼加琥珀，对中国和缅甸的琥珀标本涉及较少。

  近年来，来自中国和缅甸的琥珀标本受到了越来越多的关注，它们在科研和收藏领域的意义与价值也逐渐被发现并不断提升。多位国内学者正在对抚顺和缅甸的琥珀进行深入的研究工作，国内的琥珀爱好者对这些琥珀的收藏热度也一直有增无减。最近，中国科学院南京地质古生物研究所张海春研究团队与抚顺琥珀研究所密切合作对抚顺

（对页）缅甸琥珀中的蜡蝉（半翅目蜡蝉总科）（长约 7 mm）。注意图中的黑色圆球部分，那可能是缅甸琥珀所独有的真菌类孢子囊，在蜡蝉的左下还保存有可能的树蕨类（比如桫椤）茸毛

琥珀的地质背景、物理化学性质、植物来源以及其中的植物、昆虫、蜘蛛、微生物等化石进行了系统研究。该研究利用有机地球化学、红外光谱、宏体和微体化石等多种分析手段首次确认了抚顺琥珀的植物起源为以水杉为主的柏科植物[1]。迄今，抚顺琥珀中已发现节肢动物（包括昆虫）至少22个目，超过80个科，另有大量微体化石以及植物化石，已成为世界上类群最丰富的琥珀生物群之一。

抚顺琥珀既可以作为科研工作的研究材料，也利于开展各种科普工作，抚顺琥珀研究所正致力于此。抚顺琥珀研究所收集整理了大量抚顺琥珀标本和工艺品，设立了抚顺琥珀精品艺术馆陈列展出，还创办了中国琥珀网（www.ambers.cn）、抚顺琥珀网（www.fshpw.com），对抚顺琥珀进行科普宣传。并在当地政府支持下举办每年一度的国际琥珀高峰论坛，邀请国内外琥珀科研人员参与抚顺琥珀的科学研究，逐步扩大了抚顺琥珀的国际影响力。

为了满足中国越发壮大的琥珀爱好者团体，笔者专门邀请了中国科学院南京地质古生物研究所的王博和中国科学院动物研究所的刘晔对中国抚顺和缅甸的琥珀做了一定的补充介绍，形成了第五章的内容。在这部分内容中，读者可以看到抚顺和缅甸琥珀矿区的图景，以及科研人员和化石爱好者们所珍藏的各种稀有的、含有各种生物的罕见琥珀标本。对于收藏者所特别关注的琥珀划分方法，也有一定的阐述。另外，在第五章中，我们还对琥珀的打磨方法做了简单的介绍。化石网论坛上有专门的琥珀专区，也定期举办打磨琥珀的比赛活动、欢迎感兴趣的读者在化石网论坛上浏览查阅。为了便于理解，笔者添加了一些必要的注释。本书的翻译工作难免有错误与疏漏，恳请读者不吝批评指正[2]。

徐洪河
于中国科学院南京地质古生物研究所
2014 年 4 月

---

[1] Wang B（王博），Rust J, Engel M S, Szwedo J, Dutta S, Nel A, Fan Y（范勇），Meng F W（孟凡巍），Shi G L（史恭乐），Jarzembowski E.A., Wappler T., Stebner F., Fang Y（方艳），Mao L M（毛礼米），Zheng D R（郑大燃），Zhang H C（张海春）. 2014. A Diverse Paleobiota in Early Eocene Fushun Amber from China. Current Biology, 24: 1606–1610.
[2] hhxu@nigpas.ac.cn

目录

前言

　　自 1993 年起，我就在伦敦自然历史博物馆古生物部从事琥珀收藏与展览工作。这得益于当时的电影《侏罗纪公园》所引发的对琥珀的兴趣。我在博物馆的日常工作包括对标本的清洁、鉴别和分类。关于琥珀的书籍通常只是对其中保存的昆虫或其他内含物进行命名，而对于如何进行鉴别却很少提及。要查看详细的描述，就需要找很多参考资料。

　　有很多特征都可以用来区分不同的昆虫类群，但是在琥珀中，昆虫的很多特征却难以被观察到，毕竟琥珀中保存的昆虫并不会保持自然状态。我很快就找到了一些关键的特征来区分各个类群，有些特征完全来自我个人的观察，目前还无法在昆虫学的书籍中找到。我还发现有些昆虫在琥珀中很常见，而有些却非常罕见，这种丰度差异与现代昆虫的丰度分布在很多方面都完全不同。

　　如果你购买或是找到了一块琥珀，其中含有动物，它很可能是一些常见的家伙，比如蚊蝇或蚂蚁。本书将通过照片和示意图，帮你识别出琥珀中的多种常见动物。

　　通过本书，我希望你能了解更多新知，并发现这种神奇物质中所蕴含的奇妙与美丽。

（对页）图 1：保存有多种昆虫的哥伦比亚柯巴脂（最宽处 92 mm）

（上）图 2：保存有大群蕈蚊的波罗的海琥珀（长度 37 mm）

第一章
什么是琥珀？

（对页）图 3：树脂从雪松断枝处的树皮之下缓缓流出（断枝宽 115 mm）

琥珀是一种很轻的有机物，通常透明，呈黄色或橙色。琥珀很容易雕刻和抛光，这使它成为了珠宝领域中一种常见的材料。琥珀是树木的树脂变成化石的结果，这些树脂往往通过树皮而流出（图 3），但却是在树木的心材部分形成的（图 4）。树脂不同于在树木的心材中运输各种营养物质的树液。树脂通常能够封锁住树皮中的孔隙，从而保护树木本身。树脂本身具有防腐的性质，可以保护树木使之免生疾病，另外也很黏稠，可以胶结住那些啃食树皮或在树皮上钻孔的昆虫的颚。有些类型的树木可以产生大量树脂，特别是在树皮裂口或枝条折断处。渗出的树脂呈团状，或如石钟乳一般滴下，或顺着树干流下。通常树脂在渗出时，就有昆虫被裹挟，卷入到这种黏稠的物质之中了。这些树脂最终落到了地上，融入了土壤和沉积物中，经历了数百万年之后，最终化石化，成为了琥珀。融入其中的昆虫或其他生物都被良好地保存了下来。

不同类型的树木能产生不同类型和数量的树脂。松柏类植物以及某些特定的乔木型被子植物能产生大量树脂，尤其是在天气炎热的季节，而且高温还使树脂不再黏稠。在炎热的日子里，甚至可以看到成团的树脂从树皮的裂缝中缓缓流出，沿着树干缓慢淌下。这种情况很像是沿着蜡烛边缘缓缓流下的蜡液，只是并没有那么快而已。并非所有的树脂都能形成琥珀，大部分树脂滴落后都会腐烂。现代树木中，只有两类树木的树脂性质稳定，足以经历漫长的时间长河，变成化石琥珀。这两类植物分别是分布于东非和中、南美洲的豆科植物孪叶豆（图 5）以及新西兰的南方贝壳杉（图 6）。贝壳杉产生的树脂被称为贝壳杉胶，尽管它并不是真正的树胶。

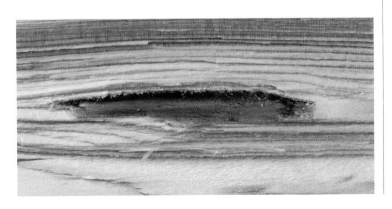

（左）图 4：松木局部，内部具有树脂填充的空腔（树脂部分长度 52 mm）

（左）图 5：中美洲多米尼加李叶豆的叶子（黑色的果实部分长度 55 mm）

（右）图 6：新西兰的南方贝壳杉，这种树能产生一种被称为贝壳杉胶的树脂

琥珀是如何形成的？

树脂变成琥珀主要受到若干因素的影响，这个过程被称为琥珀化。树脂中含有多种挥发性物质，如油脂以及多种酸和醇，其中包括具有独特树脂味道的芳香族化合物——两种著名的、异常芳香的树脂就是乳香和没药[①]。这些挥发物从树脂中散发而出，树脂亦随之变硬。其后树脂要经历一个聚合作用的过程，其有机分子形成更大的聚合物。此时，变硬的树脂即为柯巴脂（图 7，图 8）。柯巴脂进入土壤和沉积物中之后，能存留很长时间。柯巴脂继续发生聚合作用，失去挥发组分。当柯巴脂完全聚合后，不再具有任何挥发物时，就成为了惰性的琥珀。

（下）图 7：东非李叶豆所产生的柯巴脂团块（长度 165 mm）

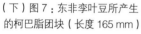

科学家们认为，在树脂变成琥珀的过程中，时间是相当重要的因素，据估计，琥珀化的过程要持续 200 万 ~1000 万年的时间。然而，琥珀化似乎还涉及其他一系列非常复杂的因素。世界上大多数琥珀都不是在其目前的产地所形成的——它们大都经历了土壤的侵蚀、河流的搬运后，再沉积在别处。比如，有 1200 万年历史的婆罗洲琥珀，就产于砂质和黏土质的深海沉积物中。婆罗洲化石化的树脂完全嵌在砂岩层中，是毋庸置疑的琥珀。不过，产在黏土层中的树脂仍然含有一定的挥发组分，也就是说，它们仍属于柯巴脂。可见，保存树脂的沉积物类型对于琥珀的形成比时间因素要重要得多。但是目前尚不清楚

[①] 乳香和没药是西方耳熟能详的香料，其知名度源于其宗教背景。据《圣经》记载，在耶稣诞生之时，东方的一些贤士专门前往伯利恒朝圣，所携带的礼品就是黄金、乳香和没药。

树脂与水和沉积物之间的具体化学作用。

化学性质

琥珀是一种无定形的、聚合态的玻璃[①]，其中的聚合物是萜类环烃。一种常见的萜类物质就是松节油，它是一种从树脂中提取出来的挥发性液体，是常用的有机溶剂。琥珀通常含有约79%的碳、10%的氢和11%的氧，也含有少量的硫。琥珀可不完全溶解于有机溶剂中，但是与大多数醇类不起反应。

物理性质

琥珀的莫氏硬度[②]是2~3，也就是说，琥珀并不很硬（与指甲差不多），可以轻易打磨。琥珀的比重（相对密度）是1.04~1.10，只是稍微比水重一点而已（水的比重是1.00）。部分琥珀含有气泡，这降低了它的比重，使它能够漂浮在水中。因此，琥珀可以轻易地经历河流和浪潮的搬运。琥珀的熔点是200~300℃。但琥珀在熔化前就会变黑、变焦。在紫外光下琥珀会呈蓝色荧光，摩擦时琥珀会产生静电。琥珀摸起来温暖，破损处的断口具有环状纹路，类似于贝壳表面的样子。

外观特征

琥珀常被用于制作珠宝，其中包裹着昆虫或其他物质的琥珀很受欢迎，庞大而罕见的琥珀则更受欢迎。因此，琥珀价值高昂，而且常被造假。不过，假琥珀往往具有一些明显的特征，无需进行破坏性测试，很容易就可以从外观上鉴别出来。

大量现代琥珀珠宝中都具有一些被称为星芒的圆盘放射状裂隙（图9），它们是在加热和冷却琥珀的过程中形成的。带有星芒的绿色琥珀珠宝近来变得越发普遍，但其颜色并不是天然的。这种琥珀可能在高温下被放置在了可以使其改变颜色的高压气体中；其背面被烤焦或涂黑，固定在银质底座之后，也可呈现出绿色。星芒对于真琥珀来说是很好的一项证据，但是近年来一些造假者也有办法能在塑料上造出类似的裂隙。

仅有几毫米长的昆虫内含物可能是真的，因为琥珀中具有小昆虫是很普遍的。标志波罗的海琥珀的天然特征，是含有栎树花朵的茸毛，以及在黑色裂隙中填充的微小黄铁矿晶体。波罗的海琥珀中的大型昆

（上）图8：新西兰钟乳状柯巴脂（贝壳杉胶）（长度180 mm）

（下）图9：具有星芒状圆形裂隙的吊坠。这些裂隙在珠宝中很常见，是琥珀在加热过程中形成的（整体长度60 mm）

[①] 玻璃是一种无规则结构的非晶态混合物。把琥珀说成是玻璃，这种说法强调的是琥珀的混合物特征，内部原子排列无序，在微观上具有流动性。

[②] 矿物的硬度是指矿物抵抗外来机械作用力（如刻划和研磨等）的能力。在1822年，弗里德里希·莫斯（Friedrich Mohs）提出用10种矿物来衡量物体的硬度，这就是莫氏硬度表。十级的软硬程度分别为：1. 滑石 2. 石膏 3. 方解石 4. 萤石 5. 磷灰石 6. 正长石 7. 石英 8. 黄玉 9. 刚玉 10. 金刚石。各级之间硬度的差异不是均等的，等级之间只表示硬度的相对大小。

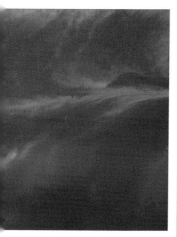

图10：压塑琥珀，或者被称为合成琥珀，是将细碎的琥珀融合在一起而得到的（长度50 mm）

虫通常都不完全地包裹着一层白色物，那是昆虫腐烂造成的。这些特征都表明了这些标本的真实性。但并不是说，不具有这些特征的琥珀就是假的，因为很多琥珀完全透明，毫无任何内含物。

依靠雕刻或钻孔进行造假，即把一块真琥珀挖空后再嵌入一些物质，这种方式通过肉眼就可以鉴别出来。只要对周围的琥珀做下测试便可检验其真假。并且这些填充的内含物通常很大（长度超过10 mm）。掌握一些现代动物和琥珀动物类群差别的知识有助于识别这种形式的造假，因为只有极少数几种琥珀中的昆虫还生活在现代——其余的都灭绝了。造假的内含物都是现代物种，而通常只有专家才能分辨。如果琥珀曾被切开、挖空，利用显微镜仔细观察应该能分辨出琥珀中的人为切面。然而，琥珀中也有一些天然断裂和错面看起来与人为切面很相似。

压塑琥珀，或者被称为合成琥珀，在维多利亚时代的珠宝中很常见，常被用来制作烟斗的烟管。合成琥珀是利用高温高压将众多小而碎的琥珀融合在一起而得到的。其可以是透明或混浊的，也可以是透明中伴随着混浊的旋涡（图10），颜色通常多种多样。黄色和橙色的

辟尔唐蝇

在伦敦自然历史博物馆的众多藏品中，有一块造假琥珀名噪一时，被称为"辟尔唐蝇"[①]（图11）。在这块标本中，一只很大的家蝇被包裹在一块波罗的海琥珀之中。1850年，德国昆虫学家赫尔曼·勒夫（Hermann Loew）首次提及了这块琥珀。百余年后的1966年，德国著名昆虫学家维利·亨尼希（Willi Hennig）对这块标本进行了查验，将其中的苍蝇鉴定为现代物种瘤胫厕蝇。这一点非常关键，因为瘤胫厕蝇是一种非常进化的苍蝇，这似乎暗示，波罗的海琥珀并没有准确反映出数千万年前的动物群情况，而其他现代物种也应该在这些琥珀之中被保存下来。1993年，这块标本被放到立体显微镜和万向灯下重新检查。灯光释放出来的些许热量导致苍蝇周围突然出现了一道裂隙。最初这令人非常不安，但却也昭示了异样的发生。从侧面仔细观察后发现了两个切面，一个平的切面穿过琥珀，另一个却围绕着苍蝇。很显然，有人曾将这块琥珀一切为二，挖空其中的一面，塞进去了一只苍蝇后，再把琥珀粘到了一起。那只苍蝇的眼睛亮红色，腹部裂开的方式很不自然，这些也都暗示了造假。类似这样的造假是很罕见的，因为如果要后期填充来造假的话，柯巴脂和塑料使用得更为广泛。

图11：辟尔唐蝇，这个标本是一块雕刻造假的琥珀，一只现代家蝇被嵌入到了一块波罗的海琥珀之中。注意在苍蝇周围有多条线，琥珀曾从那里被切开并挖空（苍蝇长度7 mm）

[①] 辟尔唐是英国的一个地名，1912年在此"发现"了被称为"辟尔唐人"的著名早期人类化石，但在1953年，该化石被证明为伪造。这也被认为是古人类学研究中最著名的骗局，以致辟尔唐一词变成了化石造假的代名词。本书的作者就是对伦敦自然历史博物馆收藏的这块造假琥珀进行鉴别的昆虫学家。

合成琥珀与纯粹的琥珀非常难以分辨。合成琥珀并不能称得上是伪造琥珀，因为它们是由真正的琥珀造出来的。

伪造琥珀

有些材料常常被用来仿制琥珀，但是许多测试都可以加以鉴别。下面这些材料在伪造琥珀中经常会看到：

- 柯巴脂
- 玻璃
- 酚醛树脂
- 赛璐珞
- 酪蛋白
- 现代塑料

酚醛树脂、赛璐珞和酪蛋白多见于维多利亚时代、爱德华时代和乔治时代[①]的项链中（图12），而其他材料更常见于现代项链中。只有柯巴脂和现代塑料被用来包裹造假的内含物。

柯巴脂

柯巴脂常被当成琥珀出售，因为其本身往往包裹有昆虫或其他内含物。如果暴露在阳光和空气中，柯巴脂会分解，并在表面产生细小的多边形网状裂纹（图13，图14）。琥珀上也会发生这种变化，但是所经历的时间要长得多，而且琥珀往往会逐渐变成深橙色，而柯巴脂却一直呈黄色。具有天然内含物的柯巴脂大多产自东非、哥伦比亚以及多米尼加共和国。大多数柯巴脂块都呈淡黄色透明状。某些产自东

（上）图12：具有多枚伪造琥珀珠子的复合项链。大的黄橙色的珠子是赛璐珞，椭球形红色珠子是酚醛树脂，椭球形混浊的黄色珠子是酪蛋白，透明的橙色珠子和小的刻面珠子都是玻璃（最大的红色珠子长度27 mm）

（左）图13：东非柯巴脂，由于氧化作用，其表面具有奇特的裂纹。这里的内含物是一只甲虫（标本长度70 mm）

（右）图14：新西兰柯巴脂（贝壳杉胶），表面具有裂纹（长度145 mm）

[①] 维多利亚时代是英国工业革命和大英帝国的巅峰，通常指 1837~1901 年；爱德华时代通常指 1901~1910 年；乔治时代通常指 1714~1837 年。

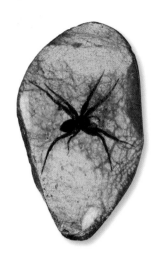

非和哥伦比亚的柯巴脂是无色或橙色的（参见图1），某些产自哥伦比亚和多米尼加的柯巴脂呈淡褐色。

柯巴脂中可能包裹多种不同类型的昆虫（图16）。如果某些昆虫只有几毫米长，那这块柯巴脂更可能是真的。再次说明下，了解现代昆虫和琥珀昆虫之间差别的知识很有用处，因为大多数保存在柯巴脂中的昆虫都是现代生物。有个好办法就是检查长触角与短触角蚊蝇的比例。琥珀中具有长触角的蚊蝇很普遍，而短触角的却很罕见。现代生物中则正好相反——大多数包裹在柯巴脂中的蚊蝇都具有短触角。伦敦自然历史博物馆有些标本，尽管标签标明是"琥珀"，但实际上却是东非柯巴脂。1868年的《科学季刊》上就图示过很多这类"琥珀"。还有一块标明是波罗的海琥珀的标本，其中的昆虫在1911年被鉴定为一种现代蟑螂太平洋沙蠊，这块标本也是东非柯巴脂，而不是琥珀。

（上）图15：将贝壳杉胶融化后，嵌入了一只蜘蛛。蜘蛛硕大的体型以及向外伸展的腿都明显说明了这块琥珀的伪造。真正保存在琥珀中的蜘蛛，其腿通常都卷在身体之下（标本整体大小80 mm）

（左）图16：保存有昆虫的东非柯巴脂。这三只较大苍蝇所属的类群从未在真正的琥珀中发现（标本长度53 mm）

（右）图17：被嵌入到融化的柯巴脂中的炫彩甲虫。该种甲虫仅生活在亚洲，而这块柯巴脂可能来自东非（整件长度19 mm）

内含物造假在柯巴脂中较为多见。柯巴脂的熔点比琥珀低得多（低于150℃），而且柯巴脂在高温下倾向于融化而不是燃烧，这让嵌入生物大有机会。大多数柯巴脂造假生物都很大（长度超过20 mm），常见有蜥蜴、大型蟋蟀、蜘蛛和蝴蝶等。通常，造假的柯巴脂中往往只有一个较大而且居中的内含物，肢体排列工整（图15，图17）。在20世纪早期，贝壳杉胶曾广泛用于包裹造假的内含物，其通常透明，呈黄色、橙色或红色，表面多裂纹。具有天然内含物的贝壳杉胶极为罕见，因为极少有昆虫生活在贝壳杉上。

玻璃

玻璃与琥珀易于区分，因为玻璃触感很凉，更加致密，用小刀刻划不会有划痕。利用玻璃及下面其他三种材料制造假琥珀的实例请参见图12。

酚醛树脂

酚醛树脂也就是电木,最容易在假琥珀项链上遇到。这些项链通常由一些表面光滑或是具有刻面、而且非常大的椭球形珠子构成,珠子的尺寸甚至能大到难以抓握的程度。有两种颜色较常遇到:最常见的是暗红色,每颗珠子的颜色相同,可以是透明或混浊的;另外也可以呈现出具有旋涡的混浊黄色,这使它们与真正的琥珀或合成琥珀难以分辨,需要采用物理或化学分析方法才能鉴别。酚醛树脂比琥珀密度稍大。

赛璐珞

赛璐珞(硝酸纤维素)通常呈黄色,混浊。与琥珀难以区分,只是它们比琥珀稍微重些,而且非常易燃。

酪蛋白

酪蛋白是从牛奶中提取出的一种塑料。其珠子混浊,呈浓黄色,酪蛋白也比琥珀要重一些。

现代塑料

现代塑料,比如聚酯和聚苯乙烯,常用于现代的琥珀造假,并可用来嵌入假的内含物。这些造假非常难于鉴别,因为有些造假者能够造出与琥珀一样的颜色和透明度。这种造假在墨西哥和多米尼加共和国有很多。与柯巴脂一样,造假的内含物往往很明显,因为内含物很大(通常长度超过 10 mm)、完美地位于整件物品的中央,且为某种现代生物(图 18)。有些造假者也会添加一些尘土进去,使整件物品显得更为逼真。

在墨西哥,确实有一种绿色的琥珀,但是很稀少。然而,由绿色塑料制成的项链或其他物件却常被当做琥珀来出售。在多米尼加共和国,也的确有琥珀中保存有真正的蜥蜴和蝎子,但这样的琥珀太少了,而且非常昂贵。然而,在那里却很容易就可以花费一笔大价钱买到塑料包裹的蜥蜴或蝎子。当地的蜥蜴甚至由于琥珀造假者都变得岌岌可危了。塑料也出现在中国琥珀的造假之中。通过互联网,大量假琥珀都被销售一空(当然也包括很多真琥珀),所以,你必须要对你购买的东西谨慎小心。

图 18:嵌入塑料中的蜥蜴。这种造假很常见,而琥珀中保存蜥蜴的情况极为罕见,这样的琥珀价值不菲(长度 75 mm)

对琥珀进行测试

有多种简便方法都可以用来验证标本或项链是不是真琥珀。这些测试对琥珀可能具有一定的破坏性，请在外观上无法明显识别出真假琥珀之后，再把这些测试当做最后的手段。这些测试的概况参见表1。

酒精测试

区分琥珀与柯巴脂的有效方法就是酒精测试。将一两滴酒精（或者异丙醇）滴在标本的抛光面上，待其挥发。酒精会与柯巴脂的挥发组分起反应，在柯巴脂表面留下稍有些黏稠的不光滑斑点。如果用手指去按，在上面会留下一个指印（只要在布面上用力摩擦，就可以除去这些斑点，重新抛光）。酒精与琥珀或其他造假材料不起反应，它们的抛光面不会有任何变化。

刻划测试

区分琥珀与玻璃的好方法就是用一个大头针进行刻划。如果没有刮痕，就说明是玻璃（莫氏硬度 5~6）。如果是琥珀或其他造假材料，就会形成划痕。因此，要选择表面上不太引起注意的小地方进行刻划测试。对标本进行仔细观察可能就可以判断出材料并不是玻璃，那样就不用进行这种测试了。如果标本的表面多有裂纹，那也不会是玻璃的。玻璃能被钻石（莫氏硬度 10）所刻划，因此，如果标本已经有了刮痕，那也并不完全意味着它不是玻璃。

热丝测试

热丝测试可以用来区分琥珀和一些造假材料。测试中要将一段铁丝或钢针烧到红热，待其逐渐冷却时，轻轻而缓慢地将铁丝的尖端压到标本表面，接着就会看到冒起一阵烟。根据这些烟的味道就可以判断出标本究竟是什么。琥珀具有一种稍有些辛辣的树脂味道，而柯巴脂是一种甜树脂味，很多合成材料都有种辣人的、类似塑料的味道。热铁丝会在标本表面留下印记，请选择标本不需展示的一面来进行。本项测试还要格外小心，因为赛璐珞极为易燃，另外，有些塑料会散发出具有潜在危害的烟。

盐水测试

这一项测试需要使用饱和盐水溶液，来检验标本的浮沉。
- 向一个玻璃容器中倒入 284ml（半品脱①）水。
- 加入七满调羹食盐，然后搅拌。开始时水会变得混浊，当盐分溶解之后，就逐渐变得澄清起来。

---

① 这里的品脱是英制液量单位，1 品脱为 568.26 毫升。下文中的调羹是烹调制式单位，1 调羹相当于 5 毫升（公制，美制稍有不同）。

表 1　对琥珀或其他用于制造假琥珀物质的四种测试的结果

A　酒精会使其表面变黏吗？
B　能产生刮痕吗？
C　在饱和盐水中能漂浮吗？
D　遇到热铁丝会产生树脂味道吗？

	A	B	C	D
琥珀	否	是	是	是
柯巴脂	是	是	是	是
玻璃	否	否	否	否
酚醛树脂	否	是	否	否
赛璐珞	否	是	否	是
酪蛋白	否	是	否	否
其他塑料	否	是	否	是
聚苯乙烯	否	是	是	否

- 静置数分钟，每隔 30 秒快速搅拌一次。
- 测试项链时，可以把项链的一颗珠子从挂绳上取下，投入到玻璃容器中。盐水溶液的比重（1.1）较琥珀和柯巴脂都高，因此这些材料都会漂浮，而玻璃、酚醛树脂、赛璐珞、酪蛋白以及其他一些塑料都比盐水要重，会下沉。然而，聚苯乙烯与琥珀具有相同的密度，也能漂浮。
- 测试之后一定要对物件进行完全清洗。

如果琥珀吊坠具有金属挂扣，这项测试就没什么用处了，因为挂扣的重量会让整个吊坠下沉。如果标本表面有裂隙，也请不要采用这项测试，因为盐水会渗透到裂隙中，而当标本变干后，析出的盐晶体可能使裂隙变得更大。

分析测试

多项科学测试都可用于鉴别琥珀，其中两种最常用的就是红外光谱分析法以及质谱分析法。这两种方法都会生成反映样品化学构成的多峰曲线图。通过对曲线图的研究，很容易发现所分析的样品是琥珀抑或是其他的造假材料。红外光谱分析能够看出琥珀是不是波罗的海琥珀，在波罗的海琥珀红外光谱曲线中，某个峰值边缘具有独特的持续稳定高值，这便是著名的"波罗的海峰肩"（图 19）。质谱分析法可以区别不同类型的琥珀，但是花费昂贵，而且所使用的设备也并不常见。

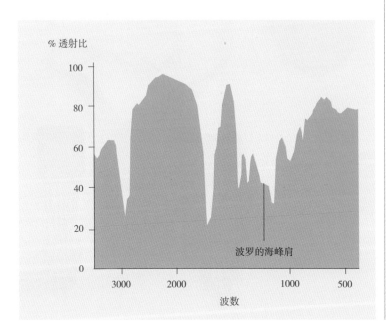

图 19：波罗的海琥珀的红外光谱分析图，注意图中独特的"波罗的海峰肩"

琥珀的用途

琥珀最常见的用途是在珠宝领域。琥珀受欢迎是因为其质轻、触感暖、美观。大多数琥珀珠宝都用在了吊坠、项链、耳坠、胸针和戒指上（图20~图22）。

琥珀非常软，很容易雕刻。早在史前时期，琥珀就被雕刻成为了各种各样的装饰，主要有人类与动物的形象（图23~图25），有些装饰还具有非常重要的意义。琥珀也被用于日常生活之中，比如碗碟、杯子、瓶子、鼻烟壶、刀柄、烛台托架以及羽毛笔笔架等。琥珀也可以制成娱乐用品，如游戏板，甚至是棋子或骰子（图27）。琥珀碎片还可以巧妙地镶嵌到各种家具上，比如柜子、珠宝盒以及橱柜等的表面——甚至可以用琥珀制作出一张椅子。

琥珀也被用在各种宗教物品中，在中世纪，琥珀最主要的用途就是制作念珠，后来也用于制作祭坛和十字架。琥珀也曾用于制作烟斗（图26）和烟嘴，不过这些物品大多使用的是合成琥珀，因为这种琥珀相对来说更坚硬一些。

（上）图20：一块精美的波罗的海琥珀吊坠，周围镶嵌了钻石，琥珀中包含一只蜘蛛和一只蟋蟀（不算链子部分长度43mm）

（左）图21：一枚波罗的海琥珀戒指，琥珀中包含一种长腿飞蝇（戒指长度19mm）

（右）图22：利用波罗的海琥珀制成的项链和耳坠，那些小珠子是玻璃（最大的一件琥珀长度41mm）。

（下）图23：在波兰发现的，石器时代用波罗的海琥珀雕刻的马，此件为塑料复制品（长度115mm）

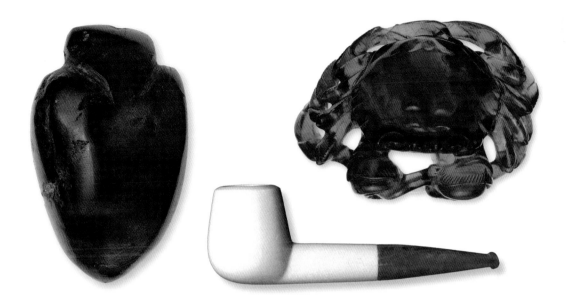

琥珀宫

对琥珀最非凡的使用莫过于用它来装饰整个房间了。著名的琥珀宫是 1701 年由普鲁士国王腓特烈一世提出建造的。其大块的护壁镶板上仔细嵌满了琥珀，这些琥珀都被精心切割，构成了马赛克图案。1717 年，这个房间被送给了俄罗斯帝国的彼得大帝，被放置到了圣彼得堡的旧冬宫中。1755 年，琥珀宫搬到了皇村的叶卡捷琳娜宫。在第二次世界大战期间的 1941 年，入侵的德国人拆解了这个房间，将其带到柯尼斯堡的城堡中。自 1945 年以来，琥珀宫的确切下落一直不明，只有很多传说：可能被炸炸毁了，可能藏在一处矿区里或某个湖里，或是位于波罗的海海底的一艘沉船之中。俄罗斯人根据旧照片，在圣彼得堡的凯瑟琳宫[①]如实地重建了琥珀宫，自 2003 年起向公众开放。

琥珀产品

除了用做装饰材料外，琥珀还有其他一些用途。过去，那些级别较低的琥珀被蒸馏，以提取松香、琥珀酸（丁二酸）和琥珀油。松香可溶解于松节油和亚麻籽油之中而制作清漆。琥珀清漆坚固、干燥缓慢、色暗，常被用在弦类乐器、马车车厢、轮船甲板以及早期摄影中。柯巴脂和其他天然树脂过去也曾用于制作清漆，不过，现代生产的几乎所有的清漆都是合成的。琥珀酸曾被用于制造肥皂、浴盐、药品、染料以及摄影用的药剂，而琥珀油曾用作木材防腐剂和杀虫剂。琥珀酸和琥珀油都曾用在钢铁工业中。

（左上）图 24：西西里岛古代琥珀雕刻件，这件粗糙的雕刻可能曾被当做护身符（长度 65 mm）

（右上）图 25：中国琥珀雕刻的螃蟹（长度 51 mm）

（中上）图 26：带有琥珀烟管的海泡石烟斗（长度 103 mm）

（下）图 27：一对波罗的海琥珀骰子（宽度 12.5 mm）

———————————————
① 叶卡捷琳娜宫和凯瑟琳宫是同一个地方，俄文叶卡捷琳娜即英文凯瑟琳。

第二章
在哪里可以找到琥珀？

琥珀在世界上很多地方均有发现，但大都沉积规模很小而且很局限。大部分产地的琥珀质地都不够纯，也不能制作珠宝，珠宝级且大规模沉积的琥珀几乎仅见于波罗的海地区和多米尼加共和国，这两处目前正在进行商业性挖掘。这些沉积引起了一些学者对其化学特征的兴趣，而其他一些学者却对琥珀中的昆虫及其他内含物更感兴趣。含有昆虫的琥珀主要产自波罗的海地区、多米尼加共和国、缅甸、墨西哥、黎巴嫩、西伯利亚、加拿大、美国新泽西州、西班牙、法国和西西里岛。此外，在下列产地也有发现：德国比特菲尔德、中国、日本、罗马尼亚、库页岛、美国阿肯色州克莱本、阿拉斯加州、婆罗洲以及英国怀特岛。最近，零星的昆虫和其他内含物在澳大利亚和印度的琥珀中也被发现。图29 显示了这些琥珀的产地，图30 说明了它们的时代。

（对页）图28：被氧化的、呈红色的波罗的海琥珀，精细抛光的局部（蜘蛛长度10 mm）

（下）图29：琥珀和柯巴脂的主要产地分布图

库克河（美国阿拉斯加州）
梅迪辛哈特（加拿大阿尔伯塔省）
雪松湖（加拿大曼尼托巴省）
克莱本（美国阿肯色州）
怀特岛（英国）
阿基坦盆地（法国）
美国新泽西州
阿拉瓦（西班牙）
恰帕斯（墨西哥）
多米尼加共和国
桑坦德（哥伦比亚）
波罗的海沿岸
瓦兹（法国）
比特菲尔德（德国）
布泽乌（罗马尼亚）
西西里岛（意大利）
黎巴嫩
苏拉特（印度）
西伯利亚泰米尔（俄罗斯）
抚顺（中国）
库页岛（俄罗斯）
久慈（日本）
胡康河谷（缅甸）
坦桑尼亚海岸
马达加斯加
婆罗洲沙捞越（马来西亚）
约克角（澳大利亚）
北岛（新西兰）

● 第三纪琥珀
● 白垩纪琥珀
● 第四纪柯巴脂

图 30 ：含昆虫琥珀的地质时代图，左侧对应的是演化上的重要事件。最上面两个时代为上新世（距今 200 万 ~500 万年）和第四纪（距今 200 万年至今）

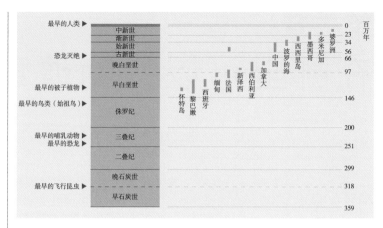

为琥珀定年

琥珀的时代只能根据其沉积物中的化石来确定，因为目前尚无法确知琥珀沉积之前所经历的时间到底有多长。如果琥珀受到扰动（沉积之后遭到侵蚀，后来在其他地方再沉积），可能就会比其周围沉积物要古老得多。

最早的琥珀记录可见于晚石炭世的煤层中。在二叠纪、三叠纪和侏罗纪时期的地层中也有琥珀的记录。在这些早期琥珀中发现有植物与真菌类内含物，但是迄今为止还未发现昆虫。已知最古老含有昆虫的琥珀来自早白垩世时期。白垩纪对于地球的生命史是非常重要的时期——被子植物发生辐射演化，取代了古老的松柏类、苏铁类和真蕨类植物，逐渐成为了占优势的植物类群。白垩纪末期还发生了大灭绝事件，导致了恐龙的灭亡。

琥珀的来源

大多数琥珀都没有商业利益，也并非广为人知。商业中常见的琥珀，普遍来自最知名的波罗的海和多米尼加地区。最近，已有多项研究针对缅甸琥珀而展开[①]。其他研究也逐渐开始了，下文中我们将简要介绍。

波罗的海琥珀

西欧最常见的琥珀来自于波罗的海周边的一些国家，如波兰、俄罗斯、德国、丹麦和立陶宛（图 31）。这些琥珀产自著名的蓝土层中，该层处于地下水位以下，向外延伸到了波罗的海。风暴会将该层中的琥珀筛选出来，冲到岸上。该层位的时代从晚始新世到早渐新世。琥珀团块偶尔甚至会被冲到不列颠群岛东岸的肯特、萨福克、诺福克、约克诸郡，甚至在暴风雨之后还可能到达法夫郡（图 32，图 33）。最

---

① 近两年对缅甸和我国抚顺琥珀的研究取得了较大的进展，参见第五章。

大的波罗的海琥珀沉积位于珊兰登半岛及其周边区域，该处是俄罗斯夹在波兰和立陶宛之间的飞地。在第二次世界大战前，这个地区被称为东普鲁士，为德国的一部分。现在这里的主要城市是加里宁格勒，即当年的柯尼斯堡。

　　新鲜的波罗的海琥珀通常呈柠檬黄或橘黄色，混浊或澄清（图34~图36）。澄清的琥珀中通常含有昆虫，而极少数混浊的琥珀中也保存有昆虫。然而，由于不透明，混浊琥珀内部的情形是不可见的。这种混浊是由无数微小的气泡造成的。大量气泡可以使琥珀呈现出白色，这种琥珀被称为骨珀。随着时间的推移——也许至少需要50年——透明的琥珀由于暴露在空气或海水中，会逐渐被氧化成深橙色或红色（图28，图37）。更长时间之后，琥珀的表面可能会产生多裂纹的外壳，这种情况在某些考古发现的琥珀标本中常可见到。

　　大多数波罗的海琥珀都含有大量琥珀酸（3%~8%），因此被称为琥珀石。琥珀酸就是产生红外光谱图上独特的"波罗的海峰肩"（参见图19）的原因。其他不含有琥珀酸的波罗的海琥珀被称为树脂石。

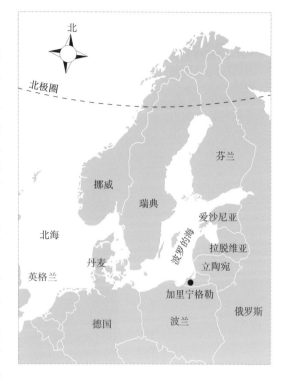

（上）图31：波罗的海周边区域地图

（左）图32：冲到了英国诺福克郡克罗默海岸上的大块红色波罗的海琥珀（长度205 mm，重量793 g）

（下）图33：从英国诺福克郡雅茅斯海岸淤泥中捞出的，抛光的大块波罗的海琥珀（长度170 mm，重量1048 g）

有几种方法可以通过外观就鉴别出澄清的波罗的海琥珀。波罗的海琥珀通常都具有微小的毛状物（长 1~2 mm），尽管树脂来自于松柏类，但是这些茸毛更可能来自于栎树的雄花（图 38）。这些茸毛表明，大部分澄清的树脂都是在春夏之交的栎树开花时节产生的。通常，波罗的海琥珀也具有裂纹，某些裂纹呈黑色，填充有大量微小的黄铁矿晶体（图 39）。某些内含物也以黄铁矿的形式保存（图 40）。栎树茸毛以及裂隙被黄铁矿晶体所填充，这两个特点很少在其他产地的琥珀中发现。昆虫内

（上）图 34：抛光后混浊的波罗的海琥珀（长度 55 mm）

（中下）图 35：产自俄罗斯加里宁格勒蓝土层，未抛光的波罗的海琥珀（长度 70 mm）

（右下）图 36：新鲜的、抛光后的波罗的海琥珀（长度 70 mm）

（左下）图 37：氧化的橙色波罗的海琥珀。表面上弯曲而光滑的脊显示了该琥珀的破裂处，即贝壳状断口。可见部分天然、未抛光的外壳，这可从下方那些细小的多边形裂隙识别出来（长度 85 mm）

（左上）图38：呈丛状的纤细毛状物，可能是栎树的雄花（居中较长的茸毛长 1.5 mm）

（左下）图39：石蛾，表面白色包裹物为腐败的产物。昆虫边缘的裂隙中填充的是黄铁矿晶体（长度 9 mm）

含物通常都具有一层白色外皮，这是因为从昆虫腐烂的身体中释放了一些液体，这些液体渗入到周围的琥珀中之后，使周围的琥珀变得不透明（参见图39）。目前，只在波罗的海琥珀中发现了这个过程的证据。

究竟哪种类型的树木产生了波罗的海琥珀？相关的争论由来已久。有一点是明确的，即一定来自于松柏类，但具体是哪一类呢？ 1836年，格佩特根据琥珀中包含的树皮，将这种产生琥珀的树木命名为汁液松[①]。后来，这种已灭绝的树木被归类在现代松科松属之中。最近所开展的化

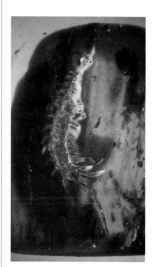

（上）图40：波罗的海琥珀中保存的蜈蚣。蜈蚣躯体被磨掉了一半，可见其已被黄铁矿填充（整件长度 19 mm）

[①] 格佩特（Heinrich Robert Göeppert）是德国的植物学家和古生物学家。汁液松这个名字已经成为了琥珀的代名词。——译者

学分析表明，波罗的海琥珀更类似于猴谜树（南洋杉科，该科还包括贝壳杉）生产的树脂，特别是它们都具有独特的琥珀酸。不过，松科中的一些树木也能产生琥珀酸，并且南洋杉类树脂中的内含物要比松类树脂中的罕见得多。产生波罗的海琥珀的树木兼有松树和猴谜树的特征。保存在波罗的海琥珀中的植物与昆虫内含物表明，这种琥珀形成于树木种类繁多的亚热带森林中。

　　波罗的海琥珀历史悠久。其琥珀制品也在多个考古遗址中被发现。最古老的英国琥珀制品来自于切德的戈夫洞（约公元前 10 000 年）和约克郡的斯塔卡遗址（约公元前 8000 年）（图 41）。这些琥珀可能来自英格兰海岸。英国苏塞克斯郡的霍夫墓穴中最重要的考古发现之一就是一件青铜时代的琥珀杯（图 42）。一些琥珀被发现在与波罗的海琥珀产地相距甚远的国家，这表明很早之前就已经有了琥珀贸易。可以肯定的是，不晚于公元前 1600 年，琥珀贸易路线已经拓展到了希腊。

　　中世纪时期，一些当地人从珊兰登半岛的海岸上或是捕鱼收获之中收集琥珀。到了 19 世纪 50 年代，斯坦因与贝克（Stantien & Becker）公司在那里开展了系统化的采矿工作。他们从海岸清淤开始，后来就在珊兰登半岛上露天开采，随后再进行地下挖掘。这个公司还建立了一个博物馆，用于收藏大量琥珀藏品，这些琥珀一直由理查德·克勒布斯[①] 教授保管。1899 年，该公司被普鲁士王国买下，克勒布斯的大部分收藏都转给了柯尼斯堡大学。1892 年，伦敦自然历史博物馆购买了克勒布斯的 200 件标本。珊兰登半岛上的商业性露天挖掘今天仍在继续。

（上）图 41：英国约克郡出土的石器时代的琥珀制品（长度 23 mm），约有 10 000 年历史

（右）图 42：英国苏塞克斯郡霍夫墓穴中发现的青铜时代琥珀杯（直径 90 mm）

---

① 理查德·克勒布斯（Richard Klebs）当时是柯尼斯堡省立博物馆琥珀馆馆长。

缅甸琥珀

缅甸琥珀通常为橙色或红色，也常保存有昆虫和植物碎片，但是往往不如波罗的海琥珀保存得那么好。伦敦自然历史博物馆中收藏了一块世界上最大的缅甸琥珀[①]（图 43），那是 1860 年在中国买入的。另一件藏品是一大块琥珀的七片切片中的一片（图 44），包含着超过 450 只节肢动物，是世界上内含物最丰富的。不晚于公元一世纪，缅甸琥珀就开始交易到了中国，直到 1885 年英国控制了交易。1898 年到 1940 年间，从缅甸北部胡康河谷的矿坑中，挖掘了超过 82 吨的琥珀。这段时期产出的琥珀中，唯一一批含有昆虫的标本在 20 世纪 20 年代为伦敦自然历史博物馆所获得。根据伴生的海相微体生物化石，这些琥珀被认为是始新世时期的。然而，20 世纪 90 年代对这些收藏品的仔细研究却表明，其昆虫与波罗的海琥珀中的昆虫显著不同，某些昆虫应归属于一些晚白垩世便已灭绝的科（图 45）。这表明一些琥珀的时代是白垩纪，它们可能经历了后期再沉积作用。1947 年缅甸独立，但是直到近些年才开始出口缅甸琥珀。这引发了对这种神奇琥珀大量的新研究。纽约的美国自然历史博物馆以及一些私人藏家最近购入了大量缅甸琥珀，提供了大量新的信息。最近，这些琥珀的产出层位被确认为早白垩世晚期。

缅甸琥珀形成于地球生命发生重大变化的时代。被子植物发生迅速辐射，这对昆虫动物群来说具有相当大的影响。反映在琥珀中就是，这些琥珀所包含昆虫的科既有延续到现代的，也有已经灭绝的，目前已经识别出了超过 150 个科。灭绝的昆虫科中有的很古老，曾经仅见于更古老的岩层中（图 46），其他一些科却是缅甸琥珀所独有的（图 47）。那些包含在琥珀中的现生昆虫科则成为了这些科最早的化石代表，并且揭示出了一些有趣的信息。图 48 是一只大花蚤，这是它所在的科中最古老的化石，它们是蟑螂特殊的寄生生物。图 49 是世界上最早的蚂蚁之一，具有特化的双颚进行托举而非抓握，这表明蚂蚁的进化历程可能更早就

图 43：世界上最大的一块缅甸琥珀（长度 500 mm）

[①] 随着近年来缅甸琥珀开采规模的扩大，中国有些藏家的缅甸琥珀在尺寸和重量上都超过了这块琥珀。

（右）图 44：大型缅甸琥珀
切片，其中包含有植物碎片
和近 200 只昆虫（整件长度
100 mm）

（右）图 45：缅甸琥珀中保存
的寄生蜂（膜翅目细蜂科），
该科仅发现于白垩纪的琥珀中
（长度 3.5 mm）

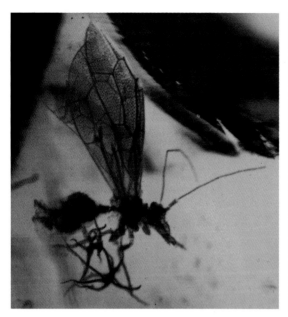

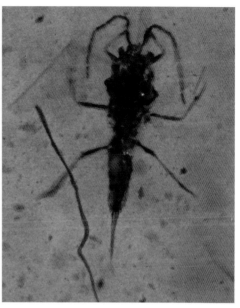

（左上）图 46：缅甸琥珀中的蓟马（缨翅目脊脉蓟马科），该科已经灭绝，首次发现是在岩石类化石中（翅膀长度 0.8 mm）

（右上）图 47：介壳虫（半翅目缅甸蚧科），该科仅见于缅甸琥珀之中（长度 1.3 mm）

（左）图 48：缅甸琥珀中的大花蚤（鞘翅目大花蚤科），这是这个现生科中最早的化石记录（长度 2.9 mm）

开始了（同一地质时期的蚂蚁也发现于法国琥珀中）。图 50 是一只蜉蝣，是其特化的科中唯一已知的化石，这种生物的成年时期仅有数小时。蜉蝣拥有两种成年阶段——亚成虫期和成虫期——这里展示的是成虫期的雌性，但是该科中现生的雌性只能生长到亚成虫期。在缅甸琥珀中还报道有几种掘土蜂，它们是给花朵传粉的昆虫。伦敦自然历史博物馆的一块藏品中，9 只同种雌性掘土蜂个体保存在了一起（图 51），这显示了这种昆虫早期的社会行为。缅甸琥珀中也报道有蜜蜂，这也是世界上最

图 49：缅甸琥珀中一只蚂蚁（膜翅目蚁科）的头部，已知最古老的蚂蚁之一（触角长度 1.5 mm）

早的蜜蜂了。叮咬类的昆虫，包括蚊、蠓和蚋在缅甸琥珀中都有发现。由于这些琥珀被确定为白垩纪时期，或许恐龙也曾被叮咬，不过当时还有其他各种动物可供它们取食。

除了昆虫，缅甸琥珀中还包含有其他动物或它们的痕迹——这包括鸟类羽毛、蜥蜴粪便、蠕虫、蜗牛、天鹅绒虫（栉蚕）、蝎子、蜘蛛、

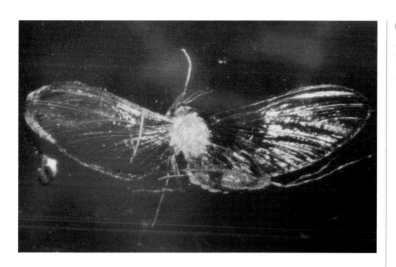

（左）图 50：缅甸琥珀中的蜉蝣（蜉蝣目鲎蜉科），这是该现生科中唯一已知的化石（翅膀长度 2.3 mm）

伪蝎、螨虫、蝉虫、蜈蚣以及马陆等。有趣的是，某些琥珀还包含一些圆锥状的管，这些管子的细端位于琥珀表面，而开阔端朝向琥珀内部，末端呈圆形。最初，这些结构被认为是真菌的子实体，如今，它们被认为是琥珀变硬落水后，双壳类动物在其上的钻孔。最近对缅甸琥珀还开展了微生物领域的有趣研究。某些研究显示其与现代一些传染病在扩散方式上有着极为相似之处。在缅甸琥珀保存的蠓和蚋的肠道中曾发现血液，从这些血液中发现了利什曼原虫和类似疟原虫的微生物[①]。曾有推测认为，这些疾病或许导致了恐龙的灭绝。

多米尼加琥珀

多米尼加琥珀产自加勒比海中大安的列斯群岛上的伊斯帕尼奥拉岛，而并非小安的列斯群岛上的多米尼加岛。这种琥珀最早曾被哥伦布提起，然而直到 1960 年后，多米尼加琥珀才受到广泛关注。在这座岛屿上有多处琥珀挖掘矿坑，大部分都位于科迪勒拉山脉的山地区域。这些矿坑和坑道都是当地居民人工挖掘的结果。偶尔有些隧道会进水并发生崩塌。那些琥珀挖出来之后被带到圣地亚哥镇，然后带到圣多明各。在那里，琥珀博物馆的人员对这些琥珀进

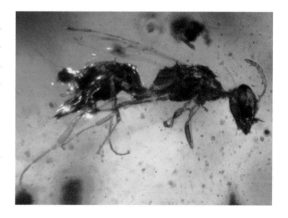

---

① 利什曼原虫是寄生于人、哺乳动物（犬、鼠等）和某些爬行动物（蜥蜴等）的一种寄生虫。在其生活史中，曾寄生在白蛉的消化道中，待白蛉吸血时，再把虫体接种到新的宿主。利什曼原虫能引起内脏利什曼病（黑热病），如不及时治疗，死亡率可达 90% 以上。疟疾是由疟原虫引起的寄生虫病，经按蚊叮咬而感染疟原虫引起。

（上）图 51：缅甸琥珀中的雌性掘土蜂（膜翅目泥蜂科），一块琥珀所保存的 9 只掘土蜂中的一只，显示了昆虫的社会行为（长度 2.3 mm）

（顶）图52：多米尼加柯巴脂，尽管看起来非常像琥珀，但是可以通过酒精测试的方法进行区分（长度53 mm）

（上）图53：多米尼加蓝珀（长度85 mm）

行检察，然后再出售给经销商。不幸的是，这些琥珀在送到公共市场之前，其具体的出产矿坑信息都已经遗失。这些琥珀的时代范围从始新世晚期到中新世中期都有，但大部分含有昆虫的琥珀都是在中新世早、中期沉积的。有几个矿坑还出产时代更晚一些的柯巴脂（图52），但这些柯巴脂中也包含有现代生物。

多米尼加琥珀的商业价值既在于珠宝，也在于其内含物。多米尼加琥珀通常极其澄清透明，色彩多样。很多件琥珀都展示出了黄色到橙色的色调变化，这是由于颜色稍有不同的成分相对流动而形成的（图54）。多米尼加琥珀也能展现出绿色和蓝色（图53），但是这两种颜色时间久了都会消褪。多米尼加琥珀也含有裂隙、气泡以及水滴。另有极少量琥珀不透明，或具有黄铁矿裂隙，或具有星状细毛。多米尼加琥珀中昆虫的多样性更高，通常要比波罗的海琥珀中保存得更好。众多热带生物都被保存了下来，这表明多米尼加琥珀是在热带森林所形成的。到目前为止，其昆虫动物群的研究尚不如波罗的海琥珀昆虫研究得全面。多米尼加琥珀在化学性质上很像是东非柯巴脂，可能都源于豆科植物孪叶豆。多米尼加琥珀中的植物化石显示，产生这种琥珀的树木与现代种并不相同，已经被定名为原始孪叶豆。

（右）图54：包含有一只蟑螂和两只白蚁的多米尼加琥珀。蟑螂位于左侧，两只很靠近的白蚁位于右侧（长度53 mm）

英国（怀特岛和黑斯廷斯）

怀特岛琥珀的有趣之处是因为它来自早白垩世，是世界上最古老的含昆虫的琥珀之一（约1.3亿年前）。通常呈褐色，混浊中具有透明的黄色旋涡，含有大量植物碎片和一些黄铁矿晶体（图55）。少量类似的琥珀也在苏塞克斯郡东部的黑斯廷斯被发现（图56），最近在其中还发现了约1.4亿年前的蜘蛛丝，黑斯廷斯琥珀比怀特岛琥珀要稍微早一些。

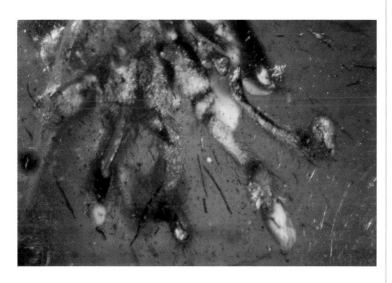

（左）图55：英国怀特岛的琥珀中保存的蜘蛛（最长的腿长度4.5 mm）

（左）图56：英国苏塞克斯郡东部黑斯廷斯的琥珀（宽度33 mm）

（右）图 57：西班牙阿拉瓦省的琥珀（长度 100 mm）

西班牙

西班牙琥珀于 1762 年首次研究，然而该国的琥珀直到 20 世纪 90 年代才得到重视，那时，在巴斯克地区的阿拉瓦省发现了早白垩世的含昆虫琥珀沉积。这些琥珀的颜色从黄色到红色都有，但以橙色最为常见，澄清或混浊（图 57）。这些琥珀小而易碎，最大的一块长 200 mm。从这些琥珀中发现了 12 个目的昆虫，其中包含众多新种。其他内含物还包括罕见的羽毛。西班牙琥珀可能是南洋杉类树木所形成的。

法国

法国具有超过 70 个琥珀产地，其记录大部分都很悠久。最重要的含昆虫琥珀产地为西南部的阿基坦盆地(白垩纪，约 1.1 亿 ~9500 万年前，图 58）以及北部的瓦兹省（始新世早期，约 5300 万年前）。前者的一个重要沉积位于阿尔尚热，1999 年时琥珀产出有 60 公斤，目前从其中已

（右）图 58：法国阿基坦盆地的几块琥珀

经发现有 15 个目的昆虫。在研究拉布里涅的不透明琥珀时，人们成功地运用了一种被称为同步辐射 X 射线相位衬度成像的新技术，得到了那些通常看不到的昆虫三维图像（图 59）。年代较近的瓦兹省琥珀到 1996年才发现，目前已经采集了 20 000 件，其中包含有 17 个目的昆虫。这些琥珀是由木本的被子植物所形成，这一点与年代稍近一些的波罗的海琥珀并不一样。

墨西哥

墨西哥琥珀通常呈黄色、略带褐色的色调，不过红色、绿色和蓝色的琥珀也有发现（图 60）。这些琥珀中经常具有纵贯的平行裂纹，这已经成为了鉴别真正墨西哥琥珀的良好特征之一。墨西哥琥珀的产地位于恰帕斯州，在地质时代上为渐新世晚期到中新世早期。

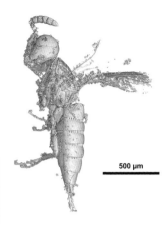

（上）图 59：法国拉布里涅不透明琥珀中寄生蜂的三维图像（长度 1.5 mm）

（左）图 60：墨西哥琥珀（长度 45 mm）

黎巴嫩

黎巴嫩琥珀通常呈黄色，多含有大量裂隙，易碎（图 61）。类似的琥珀在以色列和约旦也被发现。黎巴嫩琥珀的重要之处在于其时代是早白垩世，为最古老的含昆虫的琥珀之一。

（左）图 61：黎巴嫩琥珀（长度 21 mm）

（右）图62：含有两只蜘蛛的西西里岛琥珀（长度40mm）

（下）图63：颜色很深的西西里岛琥珀（长度40mm）

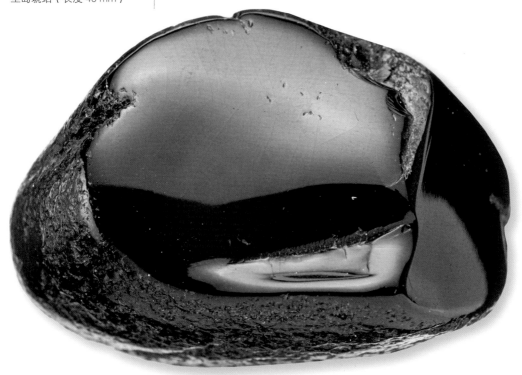

西西里岛

西西里岛琥珀也被称为高氧琥珀，通常为橙色或红色，但也有的呈绿色、蓝色和黑色（图62，图63）。通常澄清，但是也有混浊的。抛光后，西西里岛琥珀具有极好的反射性，称得上炫目。时代为渐新世。

中国

中国琥珀通常透明，橙色或红色。有大块的琥珀被雕刻做成了装饰品（图64），但是这块琥珀的来源不明，也可能来自缅甸。含有昆虫的琥珀采集自辽宁抚顺[1]，始新世。

婆罗洲

婆罗洲琥珀通常呈暗红色，甚至黑色（图65），偶有黄色的。这些琥珀通常略混浊，其内含物都有些模糊。有些黄色的琥珀尚未完全化石化，仍属于柯巴脂。婆罗洲琥珀的时代是中新世中期。

（上）图65：婆罗洲琥珀（长度53 mm）

（下）图64：中国琥珀雕件（长度120 mm）

---

[1] 中国的琥珀产地除了辽宁抚顺以外还有河南西峡、福建漳浦等地。琥珀在中国成为热点是近几年的事，且相关研究较少，西方学者大多并不了解。另外，很多中国琥珀都被制成了珠宝。关于抚顺琥珀的资料，参见第五章。

第三章
琥珀内含物

所有被琥珀捕获的物体都被称为琥珀内含物。大多数人熟知的琥珀内含物往往是昆虫和蜘蛛，但是琥珀的捕获物多种多样。还包括细菌、真菌以及多种不同类型的植物。除了昆虫和蜘蛛以外的无脊椎动物还包括蠕虫（图67）、蜗牛（图68）、轮虫、缓步动物（水熊）以及微体的原生动物（参见图86）。你也能在琥珀中发现脊椎动物，但是极其罕见，其中有青蛙、蜥蜴（图66）、鸟类羽毛和哺乳动物粪便等。这些琥珀内含物对研究远古生物的多样性、生态学以及生物地理分布都非常重要。

人们对琥珀所捕获动物的尺寸似乎总有一些偏见。超过20 mm长的动物，比如蜥蜴、青蛙、蝎子、大型昆虫和蜘蛛等，通常力气很大，足以逃离黏稠树脂的束缚。因此，大多数的琥珀内含物都比较小——只有几个毫米长。举例来说，伦敦自然历史博物馆收藏的琥珀中，最大的天然内含物长为20 mm（图69），已知最小的内含物只有0.25 mm长（参见图170）。

（对页）图66：多米尼加琥珀中的蜥蜴（长度55 mm）

（左下）图67：波罗的海琥珀中的线虫类动物（长度2.6 mm）

（右下）图68：缅甸琥珀中的蜗牛，略小，呈黑色的内含物是它的粪便（整件长12 mm）

（右）图69：波罗的海琥珀中的齿泥蛉（长度21mm）

（下）图70：波罗的海琥珀中的蜡蝉，周围的同心线指示了其被困住的位置（长度7mm）

（上）图71：波罗的海琥珀中的大蚊，腿已经断了，说明当时它正试图逃脱（长度3.5mm）

（右下）图72：抓个现行——多米尼加琥珀中一对正在交配的粪蚊（较大一只长1.8mm）

（左下）图73：多米尼加琥珀中已经腐败的蚤蝇（包括外膜的长度3.6mm）

动物行为的证据

　　琥珀能够保存动物在被捕获前后一些行为的证据。动物被树脂包裹时仍是活着的，因此，常有一些挣扎的证据，比如琥珀中昆虫周围的一些同心环线（图70）。有的蚊蝇和盲蛛可以通过断臂的方式成功逃脱树脂的包裹。因此，单独的断肢在琥珀中很常见，当然也有一些蚊蝇会与它们的断肢保存在一起（图71）。有些昆虫是正在交配时候被捕获的（图72），还有些保存在琥珀中的昆虫正在产卵，甚至还有少数琥珀中保存了昆虫的蛹，而其成年个体正在从蛹中钻出。还有一些保存不完整的昆虫，它们在树脂表面的挣扎或许引起了正在觅食的较大猎食者的注意。琥珀中少数内含物已经腐败，其雾状外膜可能是动物在树脂表面死亡后形成的，而不是被树脂完全包裹之后才形成（图73）。有时一件标本能够展示出两种动物种间关系的直接证据，这样的标本往往特别有趣，后文中我们还要详细讨论。

物种是什么?

很多科学家都在为世界上的动植物进行描述和命名，这包括现代生物和保存在化石中的生物。每种动植物都要赋予一个拉丁文的属种名。这套著名的双名法系统是由林奈在1758年创立的。

一个物种通常可以定义为一组只能在彼此之间繁衍后代的生物。这些生物彼此相像，外观相似，但两性之间可能存在差异，即雌雄异形。

系统分类学

对属、种进行描述和命名的过程就是著名的系统分类学。被作为物种定义依据的一件标本被称为模式标本。不同的物种被放置在一个具有等级的分类单元中（参见右侧实例）。然而，只有少数一些分类单元是经常使用的。最常用的分类单元是门、纲、目、科、属和种。

演化与灭绝

生活在某个特定区域的相同物种，其众多个体构成了一个居群。一个物种的居群也界定了这个物种的生物地理学分布。当环境发生变化时，居群可以分裂或融合。如果分裂后的居群彼此长时间隔离，每一代生物都可能会发生一些微妙的变化，这就是演化。如果居群隔离的时间足够长，就可能会发生非常显著的变化，甚至再次融合之后彼此生殖隔离。这就意味着产生了新的物种，这个过程就是著名的成种作用。

环境变化对物种施加了一定的压力，它驱使着物种要么逐渐变化以适应，要么迁徙到更加适合的地域。如果环境变化得很迅速，物种或许就无法适应，开始逐渐消亡，进而发生灭绝。有些物种能够更好地演化出适应性变化，有些物种演化得非常迅速。对生态环境要求越严格的物种就越容易发生灭绝。而至今仍然生存着的物种被称为现生种。

尽管很多物种都已被描述并命名，但是仍有大量物种有待发现。昆虫的多样性极为丰富，目前已经描述和命名了超过100万种现生昆虫，据估计今天地球上生存的昆虫超过1000万种。大约只有3万种已灭绝的化石昆虫已经被描述和命名，而更多种（估计可能是10万种）仍有待描述。

欧洲蜜蜂的系统分类学

门：	节肢动物门
亚门：	六足亚门
纲：	昆虫纲
亚纲：	有翅亚纲
下纲：	新翅下纲
超目：	寡翅超目（内翅超目）
目：	膜翅目
亚目：	束腰亚目
下目：	针尾下目
总科：	蜜蜂总科
科：	蜜蜂科
亚科：	蜜蜂亚科
族：	蜜蜂族
属：	蜜蜂属
亚属：	蜜蜂亚属
种：	欧洲蜜蜂种
亚种：	欧洲蜜蜂亚种

图74：东非柯巴脂中保存的欧洲蜜蜂（长度11.5 mm）

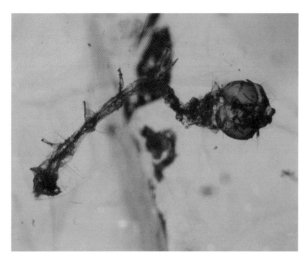 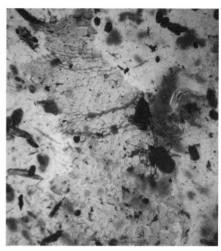

（左上）图 75：多米尼加琥珀中毛毛虫蜕落的外皮（长度 3.5 mm）

（右上）图 76：缅甸琥珀中保存的一块蜥蜴或蛇的外皮，表面具有螨虫（螨虫长度 1.5 mm）

（右下）图 77：波罗的海琥珀中螳螂蜕落的外皮（长度 9 mm），这块标本也保存了狭长的尾钳

（左下）图 78：多米尼加琥珀中昆虫的粪便（最上部的粪便粒长度 1.9 mm）

动物遗迹

　　昆虫以及其他生物的遗留物也会保存在琥珀之中。特别是在多米尼加琥珀中，昆虫的粪便很常见，它们很小，呈黑色、桶形（图78）。木屑塞也有发现，它们可能是钻孔甲虫挖木洞时的产物。偶尔也会看到细蛛丝，甚至蜘蛛网。当昆虫或蜘蛛长大时，往往需要蜕皮。这些动物外皮也能保存在琥珀中（图75，图77）。有时也能发现蜥蜴或蛇类成块的蜕皮（图76）。蚂蚁和白蚁总是在它们的巢穴之外遗留大量废弃物，这些遗留物也能保存在琥珀之中，但与其他一般的碎屑往往不大容易区别。

蚂蚁会吃掉其他昆虫，因此它们的废弃物中也包含有其他昆虫的碎片。在波罗的海琥珀中还发现有脊椎动物的粪便或反刍物（图79）。对那些充满甲虫碎片而且胶结在一起的团块，尚无法确定其来源——究竟是来自于鸟类、蜥蜴抑或蝙蝠。

保存

　　不同类型的琥珀具有不同的化学性质，保存生物的方式也多种多样。多米尼加琥珀保存得最好，其中大多数昆虫保存得近乎完美，甚至昆虫的内部组织也得到了保存。相对来说，很多波罗的海琥珀中保存的昆虫就并不太好了，通常在昆虫周围有一层白色的包衣，而且大多数昆虫仅仅保存了一个空壳，内部由于腐败都变空了，很少有组织被保存下来，还有一些昆虫被黄铁矿晶体所填充，黄铁矿渗透到了膜翅中，使翅膀变成了黑色。缅甸、墨西哥以及婆罗洲琥珀中的昆虫通常保存得并不太好。那些昆虫通常半透明，这可能是由于完全被树脂渗透，也可能是由于部分溶解的原因。其中很多昆虫都不完整，而且还发生了扭曲变形（图80）。

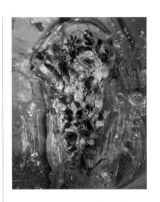

（上）图79：波罗的海琥珀中保存的脊椎动物粪便或反刍物（长度6 mm），其中具有甲虫的遗体，这些遗留物可能是鸟类、蜥蜴或蝙蝠产生的

（下）图80：墨西哥琥珀中已经变形了的蜡蝉（翅膀以外部分长度2.7 mm）

（右）图 81：波罗的海琥珀中保存在水珠中的气泡（最大的水珠长度 0.9 mm）

（下）图 82：充满裂纹的流动面，表明该面在接受新的树脂以前已经变干

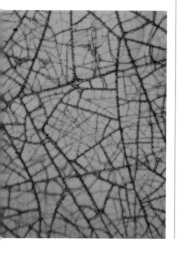

无机内含物

琥珀不仅仅能捕获动物与植物，气泡与水珠也很常见。偶然情况下，还能发现保存在水珠中的气泡。移动一下琥珀，气泡也随之移动，并一直处于水珠顶端，就像是一个天然的水平仪（图 81）。地质时期大气中各种气体的相对含量一直充满变化，很多科学家相信，琥珀中的气泡可以用来研究远古大气。然而，琥珀是否具有完美的密封性仍充满争议，有的科学家认为，小分子能够在琥珀内移动，进而改变气泡中气体的相对成分。另外，还有一种可能性是，气泡中的氧气会与琥珀发生反应。图 81 中的琥珀在拍照之后，对保留在其中的所有水珠连续观察了五年，可以明确的是，这些气泡的成分已经发生了改变，因此，它们并不能准确反映远古时期的大气。除了这些内含物，琥珀中也能见到流动面和裂纹。流动面表明了树脂彼此间多次的相对运动。有时还具有裂纹，这是因为一些树脂的表面在被新一批树脂覆盖以前就已经硬化了（图 82）。琥珀形成之后也会形成裂纹，这可能是上覆沉积物或构造运动所产生的压力而形成的，开矿和抛光过程也有可能造成类似的效果。

动物间的关系

有些琥珀标本还展示出了动物行为的证据，这是其他类型的化石记录所无法提供的。尤其有趣之处在于，一块琥珀中包含了两种或更多动物彼此之间相互关系的直接证据，它们彼此接触，或靠得很近。这些关系有四种类型：寄生、互利共生、偏利共生以及捕食。

寄生

在寄生关系中，一种生物受益，另一种生物（寄主）却受害。通过对现代生物的观察，我们会认同琥珀中的昆虫一定也存在着寄生性。比如寄生蜂，长出翅膀的成虫会在寄主中产卵，寄主通常是一种昆虫（或蜘蛛）的成体、蛹、幼虫或卵。寄生蜂幼虫（寄生虫）孵出后就会逐渐吞食掉它的寄主。尽管琥珀中保存了多种不同的寄生蜂，但通常无法知晓它们寄生的生物是什么。唯一可以确知的方式就是找到一块寄生生物仍然附着在寄主上的标本。多米尼加琥珀中就有这样的罕见标本，一个囊状物附着在昆虫上，而一只正在发育的寄生蜂幼虫恰其中（图84）。一块琥珀中所保存的若干种昆虫，对寄生关系也有一定的指示作用。这方面一个明显的例子，就是琥珀中附着在蚊蝇、石蛾和蛾子上的寄生性螨虫（图83）。寄生关系最早的记录来自于黎巴嫩，这里曾发现有一些线虫寄生在昆虫体内的标本。在一些蚊蝇类和其他昆虫的琥珀标本中曾发现，这些寄生的线虫正从这些昆虫的腹部伸出，或者正好就保存在这些昆虫旁边（参见图67）。

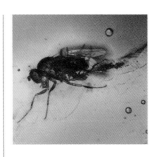

（上）图83：多米尼加琥珀中的果蝇（果蝇长度2.9 mm），一只寄生性螨虫附在果蝇的腹部

（下）图84：多米尼加琥珀中的叶蝉，一只寄生蜂的囊状物附在叶蝉的头部（叶蝉躯体部分长度2.9 mm）

（下）图85：缅甸琥珀中一只
具翅膀的白蚁，其腹部已经破
损（白蚁长度 3.3 mm）

（右）图87：波罗的海琥珀中
的鹬虻，一只伪蝎挂在其腿部
（鹬虻长度 8 mm）

（下）图86：与图85中白蚁
相关的原生动物（原生动物
长度 0.05 mm）

（对页）图88：多米尼加琥珀
中的蚂蚁。其中一只蚂蚁用颚
咬住另一种蚂蚁的腹部，以试
图挣脱树脂的包围（左边蚂蚁
的长度 3.2 mm）

互利共生

互利共生是指两种生物能彼此获益的一种关系。最近，在缅甸琥珀
中发现了具翅白蚁的互利共生实例（图85），该白蚁腹部已经破损，在
其脏器内部和白蚁周围保存有相关的原生动物（图86）。这些原生动物
和细菌是帮助白蚁消化纤维素的。消化过程的副产物就是甲烷，在琥珀
保存的很多白蚁中，其腹部都可以发现突出来的，较大的甲烷气泡，这
可能就是白蚁被树脂捕获之后产生的。另外一种解释是，甲烷可能是白
蚁内部组织腐败所产生的。

偏利共生

偏利共生是指一种生物获益，而另一种不受影响。这类关系的典型
就是携播，即一种动物搭上了另一种动物的便车。琥珀中也有这方面的
若干实例，尤其是一些不能飞行的蛛形类往往喜欢搭乘在飞行的昆虫上。
在波罗的海琥珀中可以见到伪蝎利用它们的钳子挂住蚊蝇或胡蜂的腿部
或躯体（图87），而在多米尼加琥珀中，被挂住的则是甲虫。在多米尼
加琥珀中的蚊蝇、蜜蜂、甲虫和白蚁身上也能发现一些携播螨虫，但是，
往往很难判断这些螨虫与相关昆虫的关系究竟是偏利共生还是寄生。在
多米尼加琥珀中的蚂蚁和甲虫身上也发现有幼年体的线虫，也曾在一只
蜜蜂的头部发现附着有甲虫的幼虫。

捕食

捕食关系是指一种动物以另一种动物为食。这种相互关系的很多证
据是推断得出的，因为部分保存在琥珀中的昆虫，今天的亲戚都是肉食
性的。琥珀中还有些昆虫被发现在其颚间还有其他昆虫。这可能是因为
一种昆虫抓住了另一种昆虫，在试图吃掉之前就被树脂捕获了，不过也

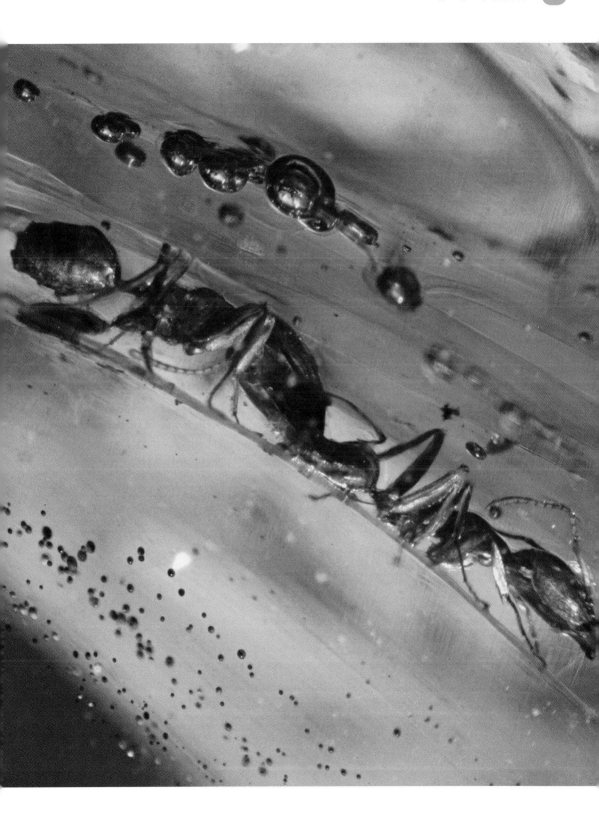

（左上）图89：一块多米尼加琥珀中同时保存了白蚁、一只不具飞行能力的蚤蝇和一只隐翅虫。蚤蝇和隐翅虫可能都居住在白蚁巢穴中（整件琥珀长度20 mm）

（右上）图90：图89中隐翅虫的放大（长度1.3 mm）

（下）图91：图89中不具飞行能力的蚤蝇的放大（长度1 mm）

可能是一种昆虫用颚去咬住一些物件以试图挣脱黏稠的树脂（图88）。在蚂蚁的颚间就曾发现有介壳虫，这些介壳虫可能在奔向另一株植物的途中就被捕捉了。在多米尼加琥珀中也发现有不能飞行的雌性蚤蝇。今天这种动物是白蚁和蚂蚁巢穴中主要的食腐动物，但也有一些是特化的捕食者。雌性蚤蝇爬到蚁巢中，产卵之后再爬出来。为了躲避侦察，它往往会分泌出化学气体，这种气体的味道与蚂蚁和白蚁彼此分辨时所采用的味道相同。如果它是一种掠食性物种，那当它们的幼虫孵出以后，它们就会吞噬掉那些白蚁、蚂蚁以及它们的幼虫。在一块多米尼加琥珀中发现有一只蚤蝇与两种白蚁、一只隐翅虫保存在一起，后者也居住在白蚁巢穴中（图89～图91）。因此，这种蚤蝇很可能本身就居住在白蚁巢穴中，而并非蚂蚁巢穴中。

植物内含物

琥珀中的植物很常见，但是植物的可鉴别部分，如叶子、嫩枝、球果和花朵等却很罕见。最常见的植物部分是树皮的碎片和波罗的海琥珀中栎树花朵的茸毛。树皮碎片可能来自于产生琥珀的那些树木。花粉与孢子也有发现，但是只能通过高倍的显微镜才能观察到。波罗的海琥珀中的植物群已经研究很多年了，但是多米尼加琥珀中的植物却少见报道。琥珀中的植物化石包括苔藓植物、地衣类、蕨类植物、裸子植物（包括松树）和被子植物（即开花植物）。在波罗的海琥珀中，大多数可鉴别的植物部分属于裸子植物或被子植物，而在多米尼加琥珀中，大多数植物来自被子植物。

裸子植物

波罗的海琥珀中的裸子植物来自松柏类和苏铁类。松柏类最常见，标本包括一些柏树（图92）、松树（图93）、红杉和罗汉松的嫩枝和球果。其中的松树标本可能就包括产生波罗的海琥珀的树木，但是其物种汁液松的建立却是根据对树皮的显微观察[①]。

（左）图92：波罗的海琥珀中的崖柏嫩枝（长度13 mm）

（右）图93：波罗的海琥珀中的松树球果（长度18 mm）

被子植物

被子植物，即开花植物，其遗留物主要有叶子（图94）和花朵（图95），已有超过60个科的被子植物得到报道。大多数被子植物标本对于非专业人员来说很难鉴别，但是在波罗的海琥珀中，有一类却相当常见，也易于鉴别。波罗的海琥珀中经常保存有成丛的、微小的星状茸毛，

---

① 植物个体通常很大，很难有完整的植物个体被保存成为化石，因此在古植物学中经常只根据植物个体中非常有限的局部而建立具有古植物学分类意义的属种，这种分类方式往往被称为形态分类。因此，常有某些植物化石因为可鉴定部分太少，而被鉴定为"某型叶"或"某型枝"。

（上）图94：波罗的海琥珀中被子植物优虎皮楠的叶片（长度28 mm）

（右）图95：多米尼加琥珀中被子植物巴豆的花（长度6 mm）

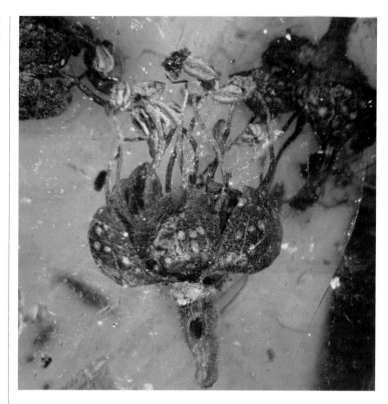

（上）图96：波罗的海琥珀中可能来自栎树雄花的苞片（长度9 mm）

它们来自于栎树的雄花。除了茸毛之外，一些相对独立的苞片（图96）也保存了下来，甚至还有非常罕见的，仍具有茸毛的完整花朵（图97）。波罗的海琥珀中保存的栎树茸毛如此众多，表明了这些透明的树脂大多是在栎树开花的春夏之交所分泌的。

其他一些生长在波罗的海琥珀森林中的树木包括枫树、冬青、山毛榉、栗树、月桂、玉兰、山龙眼和柳树。此外仅发现花粉的树木包括桦树、七叶树和椴树。这些树上也可能攀附有槲寄生。

波罗的海琥珀中的草本和灌木类植物包括棕榈类、石楠类、天竺葵科和虎耳草科的植物。尽管在那时草原还没有出现①，但另外两个种的草类植物也有报道。波罗的海琥珀森林中其他被子植物的科还有海芋、百合、亚麻、橄榄、榆树、玫瑰、岩蔷薇、茶树、胡萝卜以及荨麻等，但是每个科往往只有一个种作为代表。

在多米尼加琥珀中，还发现有豆科植物孪叶豆的叶子（图98）和花，这种植物可能就是产生多米尼加琥珀的树木。不过它与现代孪叶豆不同，是已经灭绝的原始孪叶豆。

---

① 现代草原的优势类型是禾本科植物。到了距今约600万年的晚中新世，禾本科植物的化石记录才变得普遍起来，此时地球上出现了广阔的草原。

（左）图 97：波罗的海琥珀中
栎树的雄花（长度 3.7 mm）

远古琥珀森林

　　琥珀中保存的昆虫和其他内含物能告诉我们许多远古森林生态的故事，这种研究被称为古生态学。

　　波罗的海和多米尼加琥珀森林的古生态学相较于其他地区的琥珀更为知名。从已有证据中，人们可以想象出当时森林的大致样子。亚热带的波罗的海森林可能混杂有松柏类和落叶类树木。松树分泌了大量树脂，这些树脂或是沿着树干流下，或是从树枝上呈钟乳状向下滴落，或是变硬后呈块状黏附在树皮上。栎树花正在盛开，花朵中的茸毛和花粉在温暖的春风中四散飘落。森林中各种昆虫和动物充满了生机，毛毛虫、蟋蟀以及竹节虫正在大肆咀嚼着树叶。雄蟋蟀正在为了吸引异性而放声歌唱。在树木的嫩枝上，成群的蚜虫正在用狭长的喙刺入树皮中吸食树液，这吸引了蚂蚁的光顾。蚂蚁一直以这些蚜虫分泌的蜜露为食，同时也保护这些蚜虫免受草蛉的攻击，成列的蚂蚁在森林中的树木上如同军队一般，有序地爬上爬下。

（下）图 98：形成多米尼加琥珀的原始李叶豆的叶子（长度 52 mm）

　　这样的森林内部可能非常密集，老树死亡、腐烂后的空间迅速被其他争取阳光的植物所占据。多种食腐动物，比如潮虫、蠼螋、甲虫、白蚁、蚂蚁、蟑螂、螨虫、树虱、马陆、跳虫、衣鱼以及石蛃都可能会在树皮下的腐木中，或在森林底层的树叶堆里爬来爬去，大肆咀嚼着腐烂的一切。甲虫蛴螬在腐木中钻孔，编织着别致的网格状走廊，雌性姬蜂在树干表面大摇大摆地走着，舞动着它们的触角，聆听着环境中的风吹草动，试图寻找合适时机把它们的产卵器刺入蛴螬体内，完成产卵。

　　生长在腐木和森林底层的蘑菇和其他真菌会为蕈蚊的幼虫提供

食物。这些蕈蚊与摇蚊可能组成密集的交配群，食蚜蝇在阳光下飞来飞去。蜜蜂与胡蜂围绕着花朵发出嗡嗡声，为它们传粉。蜘蛛在网上静待着下一顿无谓挣扎的大餐。与此同时，其他掠食者，比如蜈蚣、豆娘、盲蛛、螳螂以及和各种大型飞蝇正在积极地猎捕着它们的美食，或是悠闲地等待着猎物主动送上门来。

脊椎动物，包括哺乳动物、鸟类、蜥蜴和青蛙，可能以各种昆虫和植物为食，反过来也为叮咬和吸血的昆虫提供了食物，供养了蚊、蚋、蠓、虻、白蛉、跳蚤和虱子等寄生昆虫。森林中若干条小溪偶尔汇聚成了小水塘，供养着捕食性豆娘若虫的生长，它们以蠕动的摇蚊幼虫为食。在小水塘和溪水中还有以碎屑为食的蜉蝣、石蝇若虫以及石蛾幼虫，它们躲避在由植物碎片组成的家园中以寻求安生。在春夏之交的日子里，蜉蝣孵化而出，成群地飞出水塘，产卵之后就匆匆结束了它们的生命。

多米尼加琥珀森林中的动植物与波罗的海琥珀森林中的生物并不相同，但是二者的生活方式却很相似。基本的差别在于多米尼加森林是热带的，其温度更高、湿度更大，生物的多样性也更高。大量植物都是被子植物，其中某些可能是生活在森林冠层中的附生植物（包括凤梨类植物）。多米尼加森林中的群居性昆虫——白蚁和蚂蚁——可能比波罗的海森林中的更为丰富，而其他一些昆虫，比如蚜虫，则更为罕见。

寻找 DNA

脱氧核糖核酸（DNA）是细胞中包含生物生长与功能等一切必要信息的分子。DNA 由四种不同的核苷酸结合而成，并形成了双螺旋结构（图 99）。生物学家们已经从生物中提取出了 DNA，来研究不同物种之间的亲缘关系。20 世纪 80 年代，人们就意识到了琥珀中的昆虫保存有细胞结构，从那时起就开始在昆虫细胞中寻找 DNA 了。

图 99：DNA 分子的双螺旋结构示意图

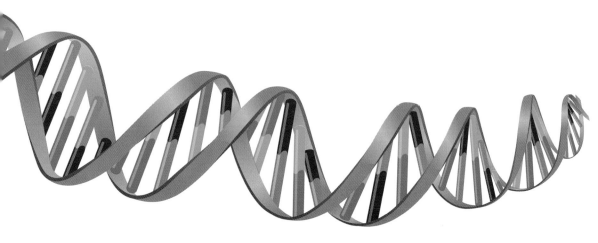

琥珀中 DNA 的报道

1992 年，科学家首次报道了在琥珀中发现的 DNA，美国加利福尼亚的科学家们宣称，从多米尼加琥珀中一种已灭绝的蜜蜂，多米尼加原无刺蜂中提取出了 DNA 碎片。随后不久，纽约的科学家就从多米尼加琥珀中的一种已灭绝的澳白蚁（多米尼加琥珀澳白蚁，参见图 107）中也提取出了 DNA。后来又有从黎巴嫩琥珀甲虫中提取 DNA 的报道。然而，所有的发现都只是一小段 DNA 链。此外，研究结果是否受到污染也经常受到质疑。关于 DNA 残存率的多项实验已经表明，DNA 降解迅速，尤其是在有水的环境中。但是，琥珀中的昆虫都是脱水的，如果脱水作用发生得非常迅速，有可能会阻止 DNA 的降解。

在伦敦自然历史博物馆，科研人员试图重复从多米尼加原无刺蜂（图 100）中获取 DNA 的过程。这种蜜蜂在多米尼加琥珀中很常见，因为它们收集树脂用于筑巢。科研人员选取了若干个合适的标本，将它们破开进行实验，但是并没有发现昆虫的 DNA。由此产生了对早期 DNA 报道的质疑，因为可信赖的科研成果的最基本要求就是其实验能够重复。随后，其他科研人员也进行了尝试，但均未成功。

图 100：多米尼加琥珀中曾用于提取 DNA 的多米尼加原无刺蜂（长度 4 mm）

（右）图101：多米尼加琥珀中的蚊子（除了向上延伸的口器部分长度3.7 mm）

《侏罗纪公园》有可能吗?

即使从琥珀昆虫中真的提取出了 DNA，真正的《侏罗纪公园》也是不可能的。很多理由都说明了为什么这样的冒险仍然不现实。首先，并没有保存有昆虫的侏罗纪琥珀。其次，与公众所相信的恰好相反，琥珀中保存的蚊子（双翅目蚊科）（图101）极其罕见。有一块报道自加拿大，还有一块来自于缅甸。

（上）图102：波罗的海琥珀中的虻（长度15 mm）

（对页）图103：波罗的海琥珀中正在交配的一对蠓（上方的雄性个体长度1.6 mm）

少数几块标本来自于波罗的海，还有大约几十块标本来自于多米尼加。然而，中生代地层中其他一些叮咬类昆虫可能会以恐龙为食。蚋（双翅目蚋科）（参见图105）在中侏罗世沉积中较常见，有两块标本已经在白垩纪琥珀中被发现。最古老的虻（双翅目虻科）（图102）被发现保存在英格兰多塞特郡早白垩世的灰岩中，但是从未在白垩纪的琥珀中被发现。蠓（双翅目蠓科）（图103）曾在缅甸、加拿大、西伯利亚、黎巴嫩、西班牙和法国阿尔尚热等地的琥珀中被发现，但是，这种小昆虫吸食的血液来源多种多样，可能还包括其他昆虫。加拿大琥珀中还有些昆虫具有适合于叮咬脊椎动物的颚部，但其是否以恐龙为食仍存在争议。白蛉（双翅目蛾蠓科）曾在缅甸和黎巴嫩琥珀中被发现，其中一只具有巨大的口器，这与这种昆虫的现代物种很相似，而现代种是以鳄鱼的血液为食的（图104），

（上）图 104：黎巴嫩琥珀中的白蛉（长度 1.5 mm），这种昆虫可能吸食恐龙的血液

（右）图 105：波罗的海琥珀中的蚋（长度 2.1 mm），这种昆虫属于魔蚋亚属，该亚属的现生种目前仅在亚洲东南部被发现

因此它更可能以恐龙的血液为食。但是，完全不会有人把这个标本破开，只是为了微乎其微的可能性去提取 DNA，因为这只昆虫是雄性的，而只有雌性白蛉才吸血。

昆虫即使被捕获在琥珀中以后，其内脏中的细菌和酶还会继续作用，从内部分解昆虫。实际上，很多保存在琥珀中的昆虫，尤其是在波罗的海琥珀中，已经完全是空壳了，任何内部组织都毫无保留。如果从琥珀昆虫中都难以获得 DNA，那么，从这些昆虫的食物中再获取 DNA 就更加不可能了。即使有可能从一只琥珀昆虫的血液大餐中提取到了 DNA，那也只是发现了完整 DNA 链（染色体组）极微小的一部分，而且这部分可能已经被细菌和昆虫 DNA 所污染了。染色体组的关键部分更可能会用于判断血液来自哪种类型的动物。生物学家们对完整 DNA 链上缺失的部分只能猜测，尽管他们可以操控并复制 DNA，但却无法将这些 DNA 植入到某种动物中去。

生物地理学

关于动植物地理分布的研究被称为生物地埋学。很多昆虫学家都在研究现代昆虫物种以及它们的生物地理分布，以试图了解它们如何从其他相关物种演化而来，以及可能发生成种作用的地点。一些科学家曾运用板块构造理论解释世界上不同地区相近物种的分布模式。而对保存在琥珀中昆虫的研究提供了生物地理分布变化的重要信息，这些信息不可能单纯依靠观察现代物种的分布而推导得出。实际上，琥珀中有些物种

的分布完全超出预期，因为它们对应的现代亲缘物种往往在今天世界的另一端被发现。很显然，板块构造对这种分布模式的影响微乎其微。分布模式可能受控于环境和（或）生态压力，这促使了物种在不同地区之间迁徙，以及对广布居群的生境进行了缩减，下文中蚊蝇和白蚁的实例就说明了这种情况。

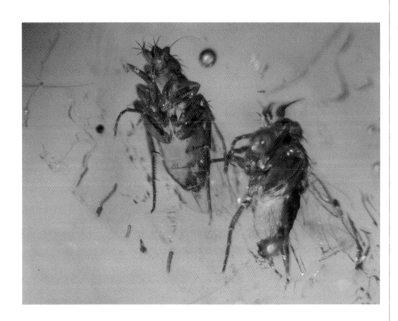

（左）图 106：多米尼加琥珀中的蚤蝇，阿巴蚤蝇属，该属的现生种只在尼泊尔和新西兰被发现（右侧昆虫长度 1.4 mm）

蚊蝇的分布

波罗的海琥珀中保存有很多种蚊蝇，它们最近的亲缘种现今生活在东南亚和（或）南非——而不再是欧洲。举例来说，图 105 中的蚋可能属于魔蚋亚属，现今仅在亚洲东南部被发现。现代鹬虻的腐木虻科（参见图 87）主要生活在东南亚和南北美洲，只有一个种生活在西班牙中部。图 102 所示的波罗的海琥珀中的虻，其最近亲缘种如今生活在澳大利亚、非洲东南部、智利和美国东部。令人惊奇的相似在多米尼加琥珀中亦有发现，比如阿巴蚤蝇属的蚤蝇（图 106），该属现今只在尼泊尔和新西兰被发现。

白蚁的分布

白蚁中的澳白蚁属是一个很原始的属，如今仅生活在澳大利亚。该属在墨西哥和多米尼加的琥珀中却有发现（图 107），也见于许多始新世、渐新世和中新世的欧洲化石记录中（其中包括怀特岛和英格兰的汉普郡）。因此，这类白蚁在过去一定具有世界性的分布，到如今，削减到只在澳大利亚才有残余性的分布（人类在偶然间曾将这种白蚁带到了新几内亚和新西兰）。

（下）图 107：多米尼加琥珀中的大型白蚁，澳白蚁属，该属的现生种仅发现于澳大利亚（长度 26 mm）

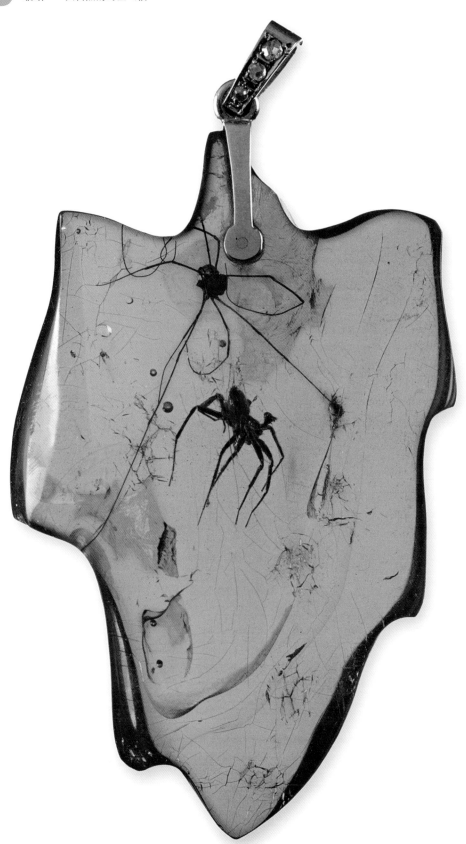

第四章
节肢动物

节肢动物门包括所有具有分节附肢和几丁质外骨骼的无脊椎动物。其躯体异律分节，通常被分为头、胸、腹三部分，在某些类群中头与胸联合在一起。这类动物通过不断蜕壳而生长，通常具有多晶状体的复眼。节肢动物门包括五个亚门，其中的四个亚门在琥珀中都有发现，下文中我们将给予简要描述，另外一个亚门是已经灭绝的三叶虫亚门[①]。

甲壳亚门——螃蟹及其亲缘生物

甲壳亚门都具有头胸甲和两对触角。水生甲壳动物占据多数，分化成了多种不同的类群，其中包括：螃蟹、龙虾、基围虾、明虾、螯虾以及藤壶。软甲纲中有三个目在琥珀中都有保存，即端足目、等足目和十足目。端足目侧面较扁（两侧扁平）而弯曲，通常生活在海洋或淡水中，常见的类型为钩虾。这种动物在琥珀中极其罕见，但是在波罗的海和多米尼加琥珀中仍有记录。相对而言，等足目背腹较扁（顶底扁平）（图109），通常生活在海洋、淡水或陆地上，常见种类是鼠妇和海蟑螂。在琥珀中它们保存得比端足目要多些，但仍然非常罕见。只有一块十足目动物的标本保存在琥珀中——多米尼加琥珀中保存了一只可能生活在凤梨科植物中的小螃蟹(短尾亚目)。

螯肢亚门——蜘蛛及其亲缘生物

螯肢亚门的头部与胸部结合在一起，组成了头胸部，具有六对附肢，无触角。第一对附肢位于头部前端，形成一对向下弯曲的獠牙状螯肢。第二对附肢被称为须肢，其外形和功能多种多样，可以作为感受器，也可以帮助采集食物，或是帮助繁殖。其他四对附肢构成了特

（上）图109：多米尼加琥珀中的鼠妇（甲壳亚门等足目）（长度2mm）

（对页）图108：波罗的海琥珀制成的吊坠，其中保存有一只蜘蛛（蜘蛛目）和一只盲蛛（盲蛛目），长腿的盲蛛位于顶端（吊坠不含链环部分长度50mm）

[①] 三叶虫是地质历史时期的一种节肢动物，大约起源于距今5.2亿年前的寒武纪，并在其后的数千万年发展到高峰，最后在2.5亿年前的二叠纪末大灭绝中完全灭绝，三叶虫因为其壳体可分为中央的轴叶和两侧的肋叶，故名。

化的八条腿。螯肢亚门包括两个纲：蛛形纲（蜘蛛、螨虫和蝎子）和肢口纲（鲎类以及灭绝的海蝎①），而只有蛛形纲在琥珀中得到保存。蛛形纲动物都是肉食性的，以其他无脊椎动物为食。该纲的八个目在琥珀中均有记录。

• 蜘蛛目是具有獠牙状螯肢和短小、有时呈球状须肢的蜘蛛。它们往往具有不分体节、丰满而多毛的腹部以及多茸毛的腿（图 108）。琥珀中保存的蜘蛛很常见，很多不同种的蜘蛛都曾被报道。

• 盲蛛目动物广为知晓的类型就是盲蛛，在英文中以收割蛛和"长腿老爹"（该俗名有时也指大蚊）而闻名。它们与蜘蛛看起来很相似，只是头胸部和腹部联合在一起，而且体表没有毛（图 108）。它们还具有细长的须肢和瘦长的腿。盲蛛在琥珀中非常罕见。

• 蜱螨目主要有螨虫和蜱虫。它们的头胸部和腹部联合成一体，腿通常很短，整体非常小（长度通常小于 1 mm）（图 110）。它们周身光滑或具毛。有些螨虫幼虫只有六条腿。蜱螨类在琥珀中很常见，但却经常被忽略，因为它们非常微小。螨虫在波罗的海琥珀中比在多米尼加琥珀中更常见。

• 蝎形目的动物主要是蝎子。它们的须肢已经变成了螯钳，具有狭长的，而且末端带有螯刺的尾巴（图 111）。蝎子在琥珀中极为罕见，但常被放置在塑料制成的假琥珀中。

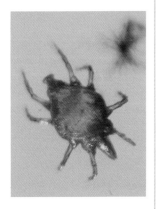

（上）图 110：波罗的海琥珀中的螨虫（蛛形纲蜱螨目）（长度 0.4 mm）

（右）图 111：缅甸琥珀中蝎子（蛛形纲蝎形目）的尾巴（长度 5.8 mm）

———————————————

① 海蝎，又被称为广翅鲎，是一种繁盛于古生代时期，现已灭绝的海洋生物。

• 伪蝎目动物主要是伪蝎。表面上看它们与蝎子非常相似，都具有螯钳一样的须肢，不过它们与蝎子的区别在于，它们没有尾巴，而且整体要小得多（只有几毫米长）（图 112）。它们常常具有丰满而分节的躯体，在琥珀中非常罕见。

• 无鞭目常见而为人熟知的类型是鞭蛛，外形上就像没有尾巴的鞭蝎。它们是大型的、具有狭长刺状须肢的蛛形类动物，前面一对附肢比其他附肢要长得多，在功能上为感受器。它们在琥珀中极其罕见。

• 避日目最常见的类型是避日蛛。它们体型较大，有四个非常大的螯肢：上方两个朝下的獠牙和下方两个朝上的獠牙。它们的功能类似螯钳，施展动作的时候类似于起钉器。须肢与腿很像，但在末端具有扁平的附着垫。只有一种避日目动物在多米尼加琥珀中被发现。

• 裂盾目动物还没有俗名，这类动物都是小型的、无视力的蛛形类（长度超过 6 mm），具有分节的头胸部和较短的尾部（图 113）。它们的螯肢巨大，很像獠牙。前面一对附肢很长，为感受器。目前仅发现于多米尼加琥珀中。

（上）图 112：波罗的海琥珀中的伪蝎（蛛形纲伪蝎目）（包括螯肢在内长度 3.2 mm）

（左）图 113：多米尼加琥珀中的裂盾目动物（蛛形纲裂盾目）（包括前腿在内长度 7.5 mm）

多足亚门——蜈蚣和马陆

多足亚门的动物都很狭长、纤细，具有多体节的身体，很多对腿，一对触角。多足亚门有四个纲,在琥珀中都有保存。唇足纲主要有蜈蚣,它们身体的每个体节上都有一对腿,在头部下方有一对弯曲的毒牙（图114）。倍足纲主要有马陆,它们身体的每个体节上有两对腿,腿的数量通常比蜈蚣要多（图116）,它们没有毒牙,是素食者,而不像蜈蚣是食肉动物。其中,毛马陆目的成员非常独特,具有浓密的茸毛（图115）。结合纲动物与蜈蚣类似,每个体节上有一对腿,但是没有毒牙。少足纲成员都很小,长度最多2 mm,不超过12对腿——从上面观察会发现每个体节上有两对腿。多足类动物在琥珀中很罕见,少足纲更是直到最近才在波罗的海琥珀中得到报道。波罗的海琥珀中的蜈蚣比多米尼加琥珀中更为常见,但是马陆的保存却相反。

六足亚门——昆虫

六足亚门的节肢动物都具有六条腿,昆虫也属于该类群,它们是最丰富、多样性程度最高的节肢动物类群,下文中我们将详细讲述。

（左下）图114：波罗的海琥珀中的蜈蚣（多足亚门唇足纲）（蜈蚣的宽度1.1 mm）

（右下）图115：波罗的海琥珀中具有浓密茸毛的马陆（倍足纲毛马陆目）（不包括茸毛的长度4.5 mm）

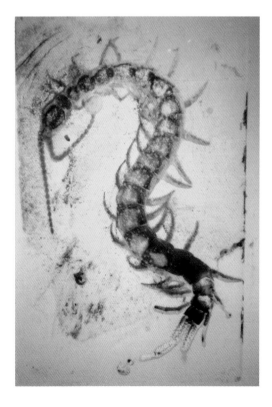

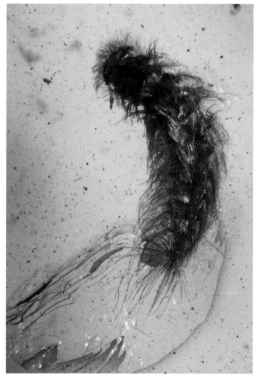

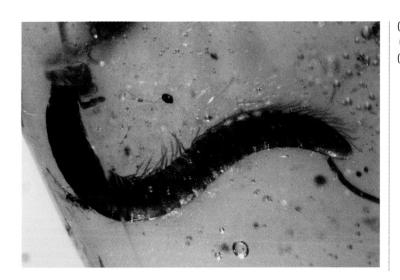

（左）图116：多米尼加琥珀
中的马陆（多足亚门倍足纲）
（马陆的宽度 0.6 mm）

节肢动物识别要点

辨识要点

本书的辨识要点部分旨在帮助识别琥珀中的节肢动物内含物，这些节肢动物在大多数琥珀中均有保存，而现代都已经灭绝。辨识要点采用了最明显的特征进行判断，很容易掌握。大量琥珀内含物只能从一面进行观察，其内含物通常会受到裂缝和气泡的影响而非常模糊。琥珀标本可能也已经磨圆，这会使琥珀内含物失真变形，影响观察。如果遇到这种情况，读者可能需要看看照片和相应的描述文字，以帮助识别。

动物的罕见程度会在其名称后面用字母来标出，缩写如下：VC 很常见；C 常见；R 罕见；VR 非常罕见；(−) 未记录。如果出现两组字母标记，中间用斜线分隔，就表明其分别对应于波罗的海琥珀和多米尼加琥珀中的情况，比如 C/VR 表示：在波罗的海琥珀中常见，但是在多米尼加琥珀中非常罕见。

1　有翅膀或鞘翅吗？

有
昆虫纲有翅亚纲
▶ 至 28

没有
▶ 至 2

2　有多少只腿？

6 只
六足亚门
▶ 至 14

8 只
（具有獠牙和（或）
须肢）蛛形纲
▶ 至 3

超过 8 只
▶ 至 10

节肢动物识别要点

3 腹部是否分节？

是
▶ 至 6

否
▶ 至 4

4 头部与腹部之间是否具有收缩？

有
蜘蛛目（蜘蛛）
C
图 108

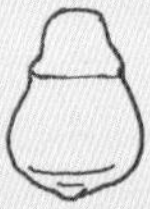

没有
▶ 至 5

5 腿有多长？

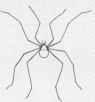

很长
盲蛛目（盲蛛）
VR
图 108

短
蜱螨目（螨虫）
C/R
图 110

6 是否有螯钳？

有
▶ 至 7

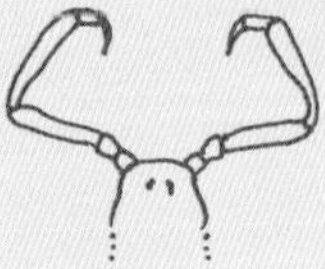

没有
▶ 至 8

7 是否有尾巴？

有
蝎形目（蝎子）
VR
图 111

没有
伪蝎目（伪蝎）
VR
图 112

8 是否具有带刺的须肢？

有
无鞭目（鞭蛛）
VR

没有
▶ 至 9

9 有多少只獠牙（螯角）？

2 只
裂盾目（裂盾类）
–/VR
图 113

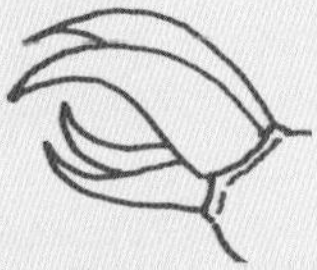

4 只
避日目（避日蛛）
–/VR

节肢动物识别要点

10 身体是否为细长形？

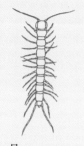

是
多足亚门
▼ 至 11

否
甲壳亚门
▶ 至 13

11 每个体节上有多少只腿？

4 只
▼ 至 11A

2 只
▶ 至 12

11A 一共有多少对腿？

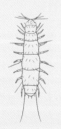 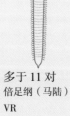

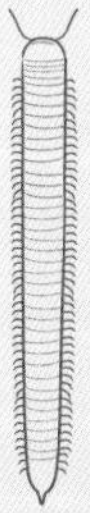

少于 12 对
少足纲（少足类）
VR/–

多于 11 对
倍足纲（马陆）
VR
图 116

12 是否有獠牙？

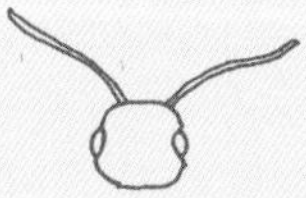

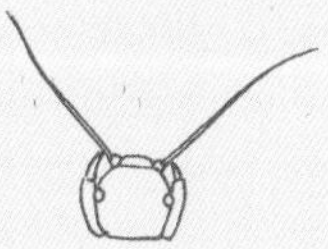

有
唇足纲（蜈蚣）
VR
图 114

没有
结合纲（结合类）
VR

13 身体是否有体节？

有
▼ 至 13A

没有
十足目短尾亚目（螃蟹）
–/VR

13A 扁平的方式是什么？

背腹扁平（顶底扁平）
等足目（鼠妇）
VR
图 109

侧面扁平（两侧扁平）
端足目（钩虾）
VR

昆虫的化石记录

　　琥珀保存了陆生动物极其重要的化石记录，尤其是对于一些形体微小，在沉积岩中通常并未保存的昆虫。琥珀中的昆虫记录与产有昆虫的湖相沉积物[①]互为补充，湖相沉积物中常保存有诸如蜻蜓（蜻蜓目）和蚱蜢（直翅目）这样的大型昆虫，这类昆虫是不会保存在琥珀中的。而琥珀中时常有很多新发现，比如，在伦敦自然历史博物的琥珀藏品中，就发现不少以前从未在琥珀中报道过的昆虫及其他节肢动物的科。其中有些科此前从未在化石记录中被发现，甚至一些科还是全新的（比如齿泥蛉科，参见图 69）。

波罗的海琥珀动物群

　　对昆虫动物群研究最好的琥珀材料为波罗的海琥珀。目前已经描述并命名了约 5000 种昆虫，但这绝不是全部。大约 3500 万年前的波罗的海琥珀昆虫动物群约有 10 000 个种。某些类群尽管在琥珀中比较多，但是几乎没有被研究过，比如一些寄生蜂的科。对多米尼加琥珀昆虫动物群的研究大约进行了 40 年，到目前为止，已经有超过 500 个物种被描述和命名，更多昆虫物种目前仍在研究中。多米尼加琥珀动物群是热带的，因此，多样性程度较波罗的海琥珀要高。当时的多米尼加或许有多达 20 000 种昆虫。化石昆虫物种的数据库正在完善，但是，考虑到在琥珀及其他化石昆虫沉积物中仍有大量昆虫未得到命名，目前仍难以利用这个数据对昆虫物种的首次出现（起源）或灭绝进行判断。

　　对于研究昆虫起源和灭绝而言，科是最有用而且最可靠的分类单元。昆虫的化石记录中有超过 1500 个科，而现代昆虫大约有 1000 个科，其中约 70% 都有化石记录。图 117 是根据化石证据所展示的不同地质历史时期昆虫科的数量。

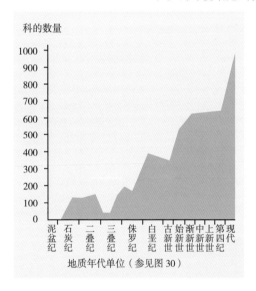

科的数量

地质年代单位（参见图 30）

图 117：根据化石记录绘制的地质历史时期昆虫科数量变迁图。昆虫科的数量从第四纪到现代具有明显飞跃，这是因为数量庞大的现代昆虫并没有化石记录

白垩纪的幸存者

　　在晚白垩世、始新世、渐新世和中新世的昆虫记录中，琥珀的贡献最大。有趣之处在于，晚白垩世的加拿大和西伯利亚琥珀中，90% 昆虫的科在现代昆虫中都有发现。这表明，昆虫在科级单元上几乎不受白垩纪末灭绝的影响，而那次灭绝造成了恐龙的消亡。尽管我们尚不清楚究竟有多少物种发生了灭绝，一项对大灭绝界限附近植物叶化

[①] 昆虫保存成为化石并不容易，在一些特殊的湖相沉积物种，昆虫的化石比较多，其中最有名莫过于我国冀北、辽西、内蒙古东南地区的热河生物群。到目前为止，琥珀仍然是昆虫化石最为常见的一种形式。

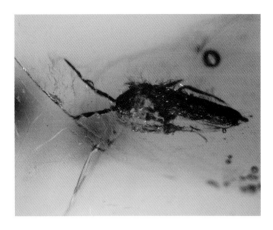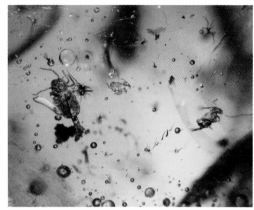

石的研究表明，在古新世开始时，昆虫受到的损害并不大，只是昆虫的种群受到了一定的影响。昆虫科级的大规模灭绝发生在早白垩世，因为那时发生的被子植物辐射演化改变了整个陆地生态系统。现生昆虫物种的最早记录来自波罗的海琥珀。有 8 个种曾被报道，但是经过重新研究后发现，其中的 5 个种要么是伪造的（参见图 11），要么是鉴定错误，抑或是保存在柯巴脂中。另外的 3 个种中，1 个种是比较大的、现代分布广泛的甲虫，很可能也是伪造的。另外两种都毫无争议：分别是一块蜉蝣（棕灰扁蜉）的标本和几块小型姬蜂（德氏古异卵蜂）的标本（参见图 172），后者实际上是一种寄生蜂。这两个物种都属于比较原始的类群，它们在地质历史时期变化很小。在多米尼加和墨西哥琥珀中发现一些昆虫物种也存活到了现代。

昆虫

六足亚门包括四个纲，其中所有的成员都具有一个分为三节的胸部，胸部每个体节上都有一对腿，腹部具有不超过 12 个体节。除昆虫外的三个纲中的两个在琥珀中都有发现，均为原始、无翅（无翅类）、口器在内部（内口式）的类群。而原尾纲尚未在琥珀中发现。

弹尾纲——跳虫

弹尾纲的常见类型就是跳虫，因为它们在腹部尾端有一个折叠的弹跳器。休息状态时，弹跳器折叠在身体以下（图 118），当受到扰动时，跳虫就会向后展开弹跳器，跃向空中。跳虫通常都很小（只有几个毫米长），在琥珀中也相当罕见，由于它们的体型太小，也常常被忽略。弯曲的弹跳器通常看起来向后伸展，这可能是由于保存在琥珀中的跳虫曾试图利用弹跳器挣脱。跳虫体表光滑或具毛，触角狭长，向外弯曲。在琥珀中保存的一个独特的科是圆跳虫科，其腹部光滑、短小、丰满，末端有一个小突起（图 119）。

（左上）图 118：多米尼加琥珀中的跳虫（弹尾纲）（长度 1.3 mm），这个标本中跳虫弹跳器并没有展开，仍然压在躯体之下

（右上）图 119：波罗的海琥珀中的三只跳虫（弹尾纲圆跳虫科）（左侧最大的一只跳虫包括弹跳器在内的长度 1.8 mm）

双尾纲——双尾虫

双尾纲成员通常被称为双尾虫，因为它们腹部末端具有两个分节的附属尾（尾须）。它们没有眼睛，当然也没有视力，这与跳虫不同。双尾纲昆虫在琥珀中极其罕见。

昆虫纲——真正的昆虫

六足亚门的主体就是昆虫纲，其特征在于具有外口器（外口式）。昆虫纲可分为两个亚纲。

无翅亚纲——没有翅膀的昆虫

无翅亚纲是原始的昆虫，它们没有翅膀，包括两个现存的目——石蛃目和衣鱼目（或缨尾目）。这两个目的相似之处在于，它们都具有狭长的触角，在腹部末端都有至少三条尾巴（尾丝）。它们的不同之处在于，石蛃目（常见代表为石蛃）具有较大的眼睛（图120），相比之下，衣鱼目（常见类型为衣鱼）眼睛很小（图121）。这两个目在琥珀中都很罕见。

（上）图120：波罗的海琥珀中的石蛃（石蛃目）（包括尾部在内长度15 mm）

蚊蝇类翅膀的常见结构

C　前缘脉，构成翅膀前缘的脉；

Sc　亚前缘脉；

R　径脉，通常在末端分枝成径分脉；

M　中脉，可能分枝；

Cu　肘脉，可能也会分枝；

A　臀脉。

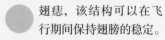翅痣，该结构可以在飞行期间保持翅膀的稳定。

这些主要的翅脉通过横脉彼此连接，在翅膀上被横脉所分隔的区域被称为翅室，关键的横脉和翅室都有相应的名称。

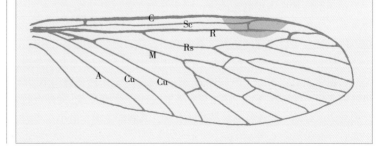

有翅亚纲——有翅膀的昆虫

　　大部分昆虫都属于有翅亚纲，这些昆虫大多数都具有两对翅膀。一些从有翅膀的祖先演化而来但却没有翅膀的种类，比如跳蚤，也属于这个类群。翅膀具有网状的翅脉，在每个类群中翅脉的分枝方式都很有特色（参见对页图文框）。因此，翅膀的特征对鉴别琥珀中的昆虫很有用处。

　　有翅亚纲又被分为两个较小的类群——古翅下纲和新翅下纲。古翅下纲的昆虫都具有向外伸展的翅膀，而新翅下纲的昆虫翅膀能够折叠在躯体之后或之上。

古翅下纲——伸展的翅膀

　　古翅下纲包括几个目，其中大部分都已经灭绝。有两个目是现生

（下）图 121：波罗的海琥珀中的衣鱼（衣鱼目）（长度 7 mm）

（右）图 122：波罗的海琥珀中豆娘（蜻蜓目束翅亚目）的一对压叠的翅膀（长度 17 mm）

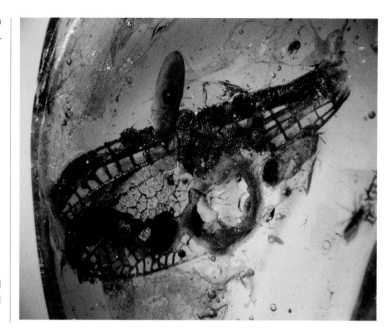

（下）图 123：波罗的海琥珀中的蜉蝣（蜉蝣目）（不包括腿和尾部的长度 6.5 mm）

的：蜻蜓目和蜉蝣目。蜻蜓目都是肉食性的，触角非常短，眼睛很大，颚部有力，腹部狭长，翅膀等大，具有大量翅脉、横脉和一颗翅痣。蜻蜓目包括蜻蜓（差翅亚目）和豆娘（束翅亚目）（图 122）。蜻蜓一般较大，休息时翅膀向外展开，而豆娘要小些，休息时翅膀保持垂直状态。豆娘在琥珀中很罕见，蜻蜓更是凤毛麟角。蜉蝣目主要有蜉蝣，它具有两个或三个尾丝，触角很短，复眼较大（参见图 50，图 123）。蜉蝣的翅膀通常具有很多横脉，没有翅痣，后翅远小于前翅。尽管罕见，但是琥珀中却保存了很多蜉蝣的科。因为这种动物的生命很短暂（数小时到几天），不会远离繁育它们的溪流或池塘。

新翅下纲——折叠的翅膀

大部分昆虫都属于新翅下纲，那些能够把翅膀沿着躯体向后折叠的昆虫大多属于这个类群。新翅下纲的昆虫又被分为不完全变态（外翅类）和完全变态（内翅类）两类（图 124）。

不完全变态

外翅类昆虫的生命以卵开始，卵孵化成为若虫，而若虫通常已经与成虫很相似，只是没有翅膀。若虫通过多次蜕皮而逐渐成长，在最后一次蜕皮时长出翅膀最终变为成虫（古翅下纲的昆虫也属于外翅类）。

完全变态

相比之下，内翅类昆虫的生命也是以卵开始，但是其卵孵化为幼虫（常见的类型为蛆、蛴螬和毛毛虫）。幼虫通过逐渐蜕皮的方式而生长，但与成虫之间看不出任何相似之处。幼虫之后会做一个蛹（茧），在蛹中幼虫的各种组织发生分解并重新组合（变态）。成虫个体从蛹中孵化而出，具有完全的翅膀。

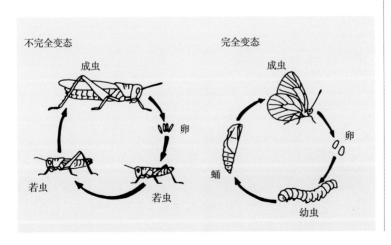

图 124：不完全变态和完全变态的差别

无翅昆虫识别要点

14 在腹部末端有没有至少两个突出的附属物？

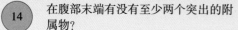

有
▼ 至 15

没有
▶ 至 24

15 有没有具宽腿节的后腿？

有
直翅目（蚱蜢或蟋蟀）
VR/R
图 128

没有
▼ 至 16

16 腹部的附属物有几个？

3 个或更多
▼ 至 17

2 个
▶ 至 18

17 有没有较大的眼睛？

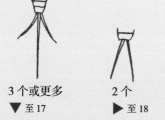

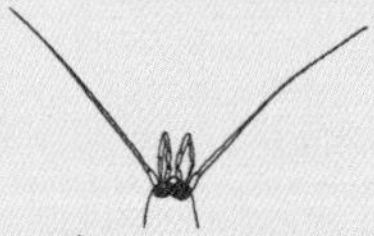

有
石蛃目（石蛃）
R
图 120

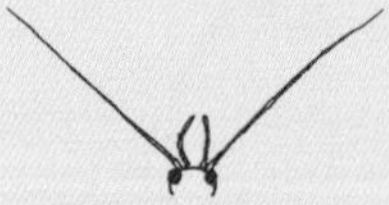

没有
衣鱼目（衣鱼）
R
图 121

18 有没有螯钳？

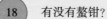

有
革翅目（蠼螋）
VR
图 129

没有
▼ 至 19

19 有没有带刺的腿？

有
▼ 至 20

没有
▼ 至 21

20 带刺的腿有多少只？

前面 2 只
▼ 至 20A

全部的 6 只
蜚蠊目（蟑螂）
R
图 126

20A 第一个胸节有多长？

很长
螳螂目（螳螂）
VR

很短
螳䗛目
VR/–

无翅昆虫识别要点

21 前腿的末端是否膨大?

是
纺足目（足丝蚁）
VR
图 130

否
▶ 至 22

22 狭长的身体中有没有延长的胸部?

有
竹节虫目（竹节虫）
VR

没有
▼ 至 23

23 有没有眼睛?

有
弹尾纲（跳虫）
R
图 118

没有
双尾目（双尾虫）
VR

24 胸部与腹部之间是否极度收缩?

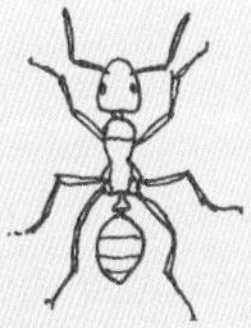

是
膜翅目蚁科（蚂蚁）
C/VC
图 166

否
▶ 至 25

25 有没有狭窄的胸节?

有
可能是等翅目（白蚁）
R/C
图 127

没有
▼ 至 26

26 身体是侧面压缩（两侧扁平）的吗?

是
蚤目（跳蚤）
VR

否
▼ 至 27

27 有没有喙部?

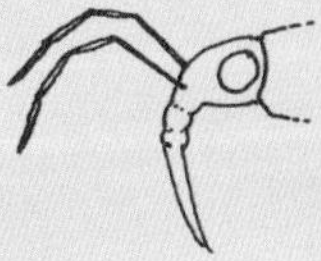

有
半翅目（蝽象）
▶ 至 52

没有
可能是另一类无翅昆虫
（成虫、若虫或幼虫）

不完全变态昆虫

昆虫中具有不完全变态型生命周期的目有很多。有些目已经灭绝，但所有保存在琥珀中的目都生活到了现在。

蜚蠊目——蟑螂

蟑螂属于背腹扁平的昆虫，具有强化的前翅（覆翅）和头甲（前胸背板）（图125）。它们的触角很长，腿上有刺，有尾须，尾须上通常也具毛。翅膀上翅脉密集，具有很多平行和分支的翅脉，极少或不具有横脉。径脉朝前翅脉方向伸展出许多平行的分支，臀脉弯曲的方式很独特，或在翅膀的基部构成三角形区域，即钉胼。蟑螂在琥珀中相当罕见，因为它们形体较大，而且很强壮，因此能够挣脱树脂的包裹。蟑螂的成虫与若虫都曾在琥珀中发现过，其中若虫没有翅膀（图126）。

图125：波罗的海琥珀中的蟑螂（新翅下纲蜚蠊目）（长度12 mm）

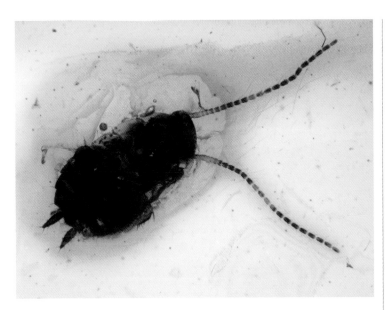

等翅目——白蚁

白蚁的眼睛很小，尾须很短，甚至有些难以发现。它们是社会性昆虫，可分为蚁王（雄蚁）、蚁后（雌蚁）、兵蚁和工蚁（参见图85，图107，图127）。婚飞的雌雄个体具有膜状的翅膀，翅膀具有皱纹状或小突起的纹理，以及微弱而无色素的翅脉。前缘脉、亚前缘脉和径脉构成了最独特的翅脉，彼此平行展布。工蚁躯体通常短小、丰满、且分段，头部通常比胸部要宽。在多米尼加琥珀中白蚁很常见，但是在波罗的海琥珀中白蚁却很罕见，在琥珀中保存的白蚁身体通常会连接着较大的气泡。这些气泡含有甲烷，是白蚁内脏中的细菌所产生的，这些细菌帮助白蚁消化食物。

直翅目——蚱蜢、蟋蟀和蝗虫

直翅目的后腿具有宽阔的腿节，而且比其他的腿要长很多。这样的适应性特征使得这类昆虫善于跳跃。直翅目昆虫在琥珀中很罕见，但是蟋蟀（蟋蟀总科）以及几种蚱蜢却有琥珀保存的记录。蟋蟀具有短小、丰满的躯体，尾须狭长，具毛，触角也很长（图128）。它们躯体上有时具有折叠平整的翅膀。雄性蟋蟀的翅脉弯曲缠绕，可以发声鸣叫，而雌性个体的翅脉径直，具有多条横脉。相对而言，蚱蜢的躯体更为修长，尾须短，翅膀沿着躯体呈直立状。某些雌性的直翅目昆虫在腹部会突起一个狭长、弯曲、末端尖突的产卵器，其功能是产卵。

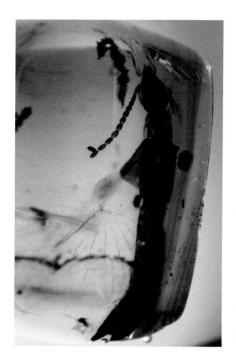

革翅目——蠼螋

蠼螋的躯体狭长，尾须发生了变化，形成尾铗（参见图77，图129）。它们的鞘翅很短，后翅呈扇形，向下折叠，触角通常很长。蠼螋在琥珀记录中极其罕见，这有些出人意料，因为在现代树皮的缝隙中经常能发现蠼螋。

纺足目——足丝蚁

足丝蚁形体微小（几毫米长），具有狭长的躯干，微小而不对称的尾须，前腿末端通常显著膨大。有些足丝蚁有翅膀，有些没有。带翅膀的类型有两对等大的翅膀，翅膀上只有少数几条纵向翅脉（图130）。足丝蚁是热带昆虫，在琥珀中极其罕见。

螳螂目——螳螂

螳螂躯体修长，头部宽，眼睛较大，触角很长。它们的前腿上举，而且弯曲超过90度，好似合十祈愿，因此在西方常被称为祈祷螳螂。它们的腿由于需要捕捉猎物，往往具有很多刺。螳螂在琥珀中极其罕见（参见图211）。

竹节虫目——竹节虫和树叶虫

竹节虫要么长得修长纤细（通常无翅膀），用来模拟枝条，要么就长得宽大扁平，专门模拟树叶（俗名树叶虫）。它们在琥珀中很罕见，只有修长纤细型的竹节虫曾在琥珀中被发现（图132）。

螳修目——螳修[①]

这个不具翅膀的类群最近才被命名。它们与螳螂很像，都具有带刺而且弯曲的前腿，但是它们的第一个胸节很短。这类昆虫在琥珀中极其罕见，只在波罗的海琥珀中曾有发现。

襀翅目——石蝇

石蝇的触角很长，尾须狭长，具有两对等大的翅膀。翅脉独特，在中脉和肘脉之间有很多横脉，翅脉整体像梯子一样（图131）。它们在琥珀中非常罕见。波罗的海琥珀中仅存的这类昆虫都属于卷石蝇科，这类昆虫在休息时会用翅膀把躯体包卷起来。

（上）图129：多米尼加琥珀中的蠼螋（革翅目）（长度7mm）

（上）图130：哥伦比亚柯巴脂中的足丝蚁（纺足目）（长度6mm）

（右）图131：波罗的海琥珀中的石蝇（襀翅目卷石蝇科）（长度8mm）

（对页）图132：波罗的海琥珀中的竹节虫（竹节虫目）（长度11mm）

① 英文俗名意为角斗士。

（左上）图 133：多米尼加琥珀中的树虱（啮虫目）（长度 1.6 mm）

（右上）图 134：多米尼加琥珀中的蓟马（缨翅目）（长度 0.7 mm）

啮虫目——树虱和书虱

啮虫目都很小（只有几个毫米长），具有两对翅膀，翅膀在短狭的躯体之上构成了顶棚状结构，头部近方形，触角长而细。前翅比后翅略大，通常有较大的翅痣，或者前翅末端尖突、边缘具毛（图 133）。啮虫目在多米尼加琥珀中很常见，但是在波罗的海琥珀中却非常罕见，有若干个科的保存记录。

缨翅目——蓟马

蓟马都很小（通常小于 2 mm），纤瘦，成虫具有两对翅膀，翅膀等大、狭窄、具有一条或两条翅脉，翅膀外围的毛很独特（图 134）。蓟马在琥珀中非常罕见，但是很可能是由于其形体太小而常常被忽略。图 46 中已灭绝昆虫属于一个非常怪异的科，并不属于典型的蓟马。

缺翅目

缺翅目昆虫都很微小，具有稀疏的毛，胸部狭长。它们要么没有翅膀，要么具有两对稀少翅脉的翅膀。无翅膀的类型都没有眼睛，是失明的。只在多米尼加琥珀和缅甸琥珀之中才有极少数缺翅目昆虫的保存记录。

虱目——虱子

虱子不具有翅膀，躯体扁平，是足部具爪的寄生性昆虫。虱目在琥珀中的唯一记录来自于波罗的海琥珀中哺乳动物毛发上的卵。

具翅昆虫识别要点（I）

28 有多少只翅膀（如果因为翅膀向后折叠等缘故而无法明确到底有多少只，请将标本对照图片后确定）？

4 只
（包括鞘翅和覆翅）
▼ 至 29

2 只
▶ 至 48

29 所有的四只翅膀看起来都一样吗？（如果无法确定，尝试两种答案都采用）

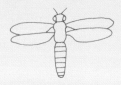

是
▼ 至 30

否
（包括所有具鞘翅和覆翅的昆虫）
▶ 至 36

30 翅膀上是有很多横脉吗？

是
▼ 至 31

否
▶ 至 33

31 触角很短，而躯体狭长吗？

是
蜻蜓目（蜻蜓或豆娘）
VR
图 122

否
▶ 至 32

32 横脉朝向臀脉方向是否形成了梯子状的结构？

是
襀翅目（石蝇）
VR
图 131

否
▶ 至 61

33 翅膀上什么样？具鳞片还是茸毛，或什么都没有？

具鳞片
鳞翅目（蛾子）R
图 144

具茸毛
▼ 至 34

都没有
▼ 至 35

34 整体很小吗（体长小于 2 mm）？

是
缨翅目（蓟马）
R
图 134

否
毛翅目（石蛾）
C/R
图 146

35 前腿末端是否膨大？

是
纺足目（足丝蚁）
VR
图 130

否
等翅目（白蚁）
R/C
图 107

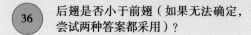

具翅昆虫识别要点（I）

(36) 后翅是否小于前翅（如果无法确定，尝试两种答案都采用）？

是
▶ 至 37

否
（包括昆虫的鞘翅和覆翅）
▶ 至 43

(37) 胸部与腹部之间是否收缩？

是
膜翅目束腰亚目
▶ 至 83

否
▼ 至 38

(38) 有没有至少两个尾端（尾丝）？

有
蜉蝣目（蜉蝣）
R
图 123

没有
▼ 至 39

(39) 翅膀上翅室很多吗？

很多
膜翅目广腰亚目
（叶蜂）
VR

不多
▼ 至 40

(40) 躯体上有没有茸毛？

有
▶ 至 65

没有
▼ 至 41

(41) 从翅膀基部是否只有一条翅脉发出？

是
▶ 至 42

否
啮虫目（树虱）
R/C
图 133

(42) 翅脉是否分枝？

不分枝
膜翅目小蜂总科（寄生蜂）
VR
图 171

分枝
半翅目同翅亚目
▶ 至 54

(43) 有没有尾钳？

有
革翅目（螋螋）
VR
图 129

没有
▼ 至 44

具翅昆虫识别要点（I）

44 有没有长喙部？

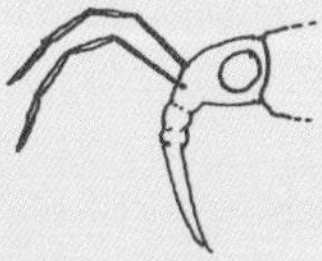

有
半翅目（蝽象）
▶ 至 56

没有
▼ 至 45

45 有没有在躯体中部汇合的鞘翅？

有
鞘翅目（甲虫）
▶ 至 92

没有
▼ 至 46

46 有没有狭长的后腿，而且后腿的大腿节很宽？

有
直翅目（蚱蜢或蟋蟀）
VR/R
图 128

没有
▶ 至 47

47 哪只腿具刺？

只是前面的 2 只
螳螂目（螳螂）
VR

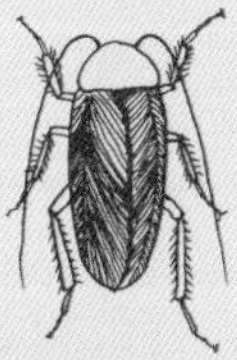

所有的 6 只
蜚蠊目（蟑螂）
R
图 125

48 触角有没有像天线一样多分枝？

有
捻翅目（捻翅虫）
VR
图 151

没有
▶ 至 49

49 翅膀上没有翅脉，而且外围具毛？

是
膜翅目异卵蜂科（缨小蜂）
VR
图 172

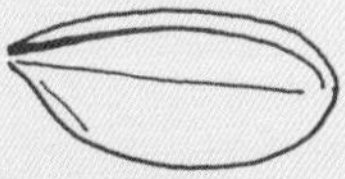

否
▼ 至 50

50 翅膀上只有两条不分枝的翅脉吗？

是
半翅目蚧总科（介壳虫）
VR
图 142

否
双翅目（蚊蝇）
▶ 至 66

（上）图 135：多米尼加琥珀中的蝽象（半翅目异翅亚目）（长度 1.7 mm）

蝽象（半翅目）

蝽象属于半翅目的昆虫。它们具有管状的喙部，可以用来吸食植物汁液或动物血液。有两个亚目：异翅亚目和同翅亚目，但是也有一些科学家认为蝽象只指异翅亚目的类群。

异翅亚目

异翅亚目具有弯曲的喙部，其喙部从头的前部向下伸出，狭长的触角可分为少数几节。异翅亚目的前翅通常被分为两个部分。基部的一半翅膀加厚（硬化），而末端的另一半呈膜状。当翅膀折叠时，前翅中膜状的部分彼此重叠（图 135）。异翅亚目在琥珀中相当罕见，但是已经发现很多科。这些科通常彼此相像，难以区分。猎蝽类一个独特的亚科（猎蝽科蚊猎蝽亚科）具有细长的腹部和修长的腿（图 136）。

同翅亚目

同翅亚目的昆虫都具有径直的喙部，喙部从头的后面伸出，在躯体下向前伸。前翅并未分化为两个部分。同翅亚目在琥珀中相当常见，其不同的总科彼此也很容易区分。

（上）图 136：多米尼加琥珀中蚊猎蝽（异翅亚目猎蝽科蚊猎蝽亚科）（前翅长度 3 mm）

（左）图 137：多米尼加琥珀中的叶蝉（同翅亚目叶蝉科）（长度 3 mm）

蜡蝉总科、叶蝉总科以及沫蝉总科，这三个总科的相似之处在于，它们的前翅都硬化，在躯体之上形成顶棚状结构。它们的触角极短，几乎难以发现。前翅上具有独特的、三角形的钉胼，而且通常具有一定的模式。蜡蝉总科（常见种类为蜡蝉）类蜻象从头部向后可见有三条独特的脊突，在腿上具有稀少的刺，构成钉胼的两条臀脉汇合形成"丫"字结构（参见图 70，图 138）。它

（下）图 138：波罗的海琥珀中的蜡蝉（同翅亚目蜡蝉总科）（前翅长度 6.5 mm）

们在琥珀中相当罕见。叶蝉总科（常见种类为叶蝉或角蝉）的头部呈三角形，构成钉胼的两条臀脉不汇合。叶蝉科具有带刺的后腿，在多米尼加琥珀中相当常见，但是在波罗的海琥珀中罕见（参见图 84，图 137）。角蝉科具有较大的头甲，头甲的形状与大小变化多样，其在多米尼加琥珀中尽管有所保存，但是极其罕见。沫蝉总科（常见种类为蛙蝉或沫蝉）的钉胼不具有任何可见的翅脉，在琥珀中极其罕见（图 139）。

蚜总科、木虱总科、粉虱总科以及蚧总科都是形体微小的昆虫（通常不超过 3 mm 长），翅膀膜状，翅脉稀少。蚜总科中常见类型就是蚜虫。它们身体丰满，休息时偶尔会立起翅膀。前翅远大于后翅，具有翅痣，在靠近前边缘处有一条显著的翅脉，少数几条翅脉倾斜地交汇到这条主翅脉上（图 140）。蚜虫类躯干上具有管状物，它们能够喷射液体来击退捕食者（图 141），蚜虫的口器极长，差不多是身长的两倍。蚜虫在波罗的海琥珀中很常见，但是在多米尼加琥珀中极其罕见。

木虱总科的常见类型是木虱，其前翅比后翅略大，触角很短。前翅具有分枝若干次的单一主翅脉。这类昆虫在琥珀中极其罕见。粉虱总科的常见类型是粉虱，其翅膀是白色的。它们具有两对翅膀，翅膀上具有单一的翅脉，翅脉在近中部分叉（图 143）。它们在琥珀中极其罕见。

蚧总科的常见类型是介壳虫。只有雄性介壳虫具有翅膀，而且通常只有一对翅膀（参见图 47）。翅膀上通常具有两个不分枝的翅脉：第一条翅脉靠近翅膀前边缘，第二条翅脉贯穿翅膀中部（图 142）。介壳虫翅膀常常具有皱纹状纹理。介壳虫在琥珀中非常罕见。

（上）图 139：波罗的海琥珀中的沫蝉（同翅亚目沫蝉总科）（长度 6.5 mm）

（左下）图 140：波罗的海琥珀中具有翅膀的蚜虫（同翅亚目蚜总科）（长度 3.5 mm）

（右下）图 141：波罗的海琥珀中的蚜虫（同翅亚目蚜总科）（长度 1.7 mm）

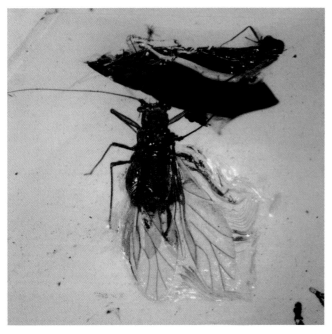

（左）图 142：波罗的海琥珀中的介壳虫（同翅亚目蚧总科）（翅膀长度 1.2 mm）

（下）图 143：缅甸琥珀中的粉虱（同翅亚目粉虱总科）（长度 1 mm）

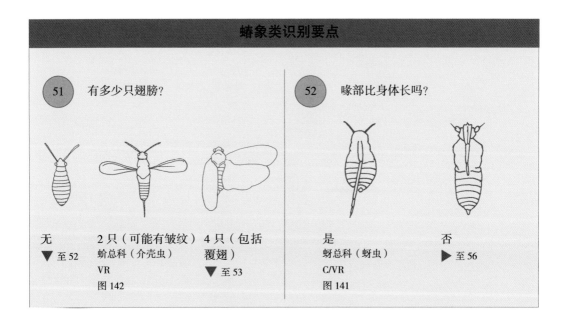

蜡象类识别要点

51 有多少只翅膀？	52 喙部比身体长吗？
无 ▼ 至 52	是 蚜总科（蚜虫） C/VR 图 141
2 只（可能有皱纹）蚧总科（介壳虫） VR 图 142	否 ▶ 至 56
4 只（包括覆翅）▼ 至 53	

蜡象类识别要点

53 后翅是否比前翅小？

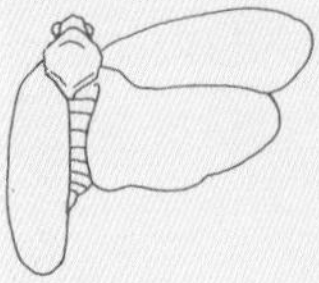

是
▼ 至 54

否
（包括所有具有覆翅的蜡象）
▶ 至 56

54 前翅有没有翅痣？

有
蚜总科（蚜虫）
C/VR
图 140

没有
▶ 至 55

55 主翅脉只在接近翅膀中央位置分枝一次吗？

是
粉虱总科（粉虱）
VR
图 143

否
木虱总科（木虱）
VR

56 吻部是从头部的前面还是后面发出？

前面
异翅亚目
▼ 至 57

后面
同翅亚目
▶ 至 58

57 腿是否狭长？

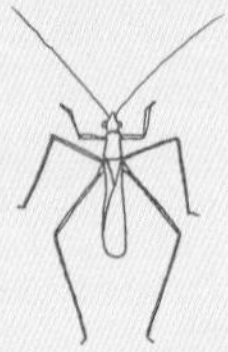

是
猎蝽科蚊猎蝽亚科（蚊猎蝽）
VR
图 136

否
另外一种异翅亚目的蜡象
R
图 135

58 有没有非常膨大的头甲？

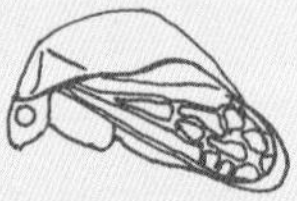

有
角蝉科（角蝉）
–/VR

没有
▼ 至 59

59 有没有非常多刺的后腿？

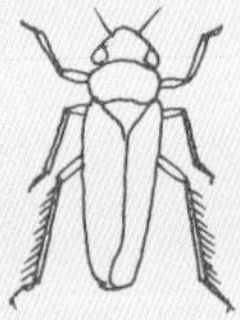

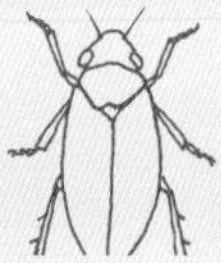

有
叶蝉科（叶蝉）
R/C
图 137

没有
▼ 至 60

60 如果有翅膀，前翅是否具有汇聚的臀脉？

是
蜡蝉总科（蜡蝉）
R
图 138

否
沫蝉总科（沫蝉）
VR
图 139

完全变态昆虫

内翅类昆虫就是具有完全变态型生命周期的昆虫。现生类型中有11个目，这些目在琥珀中均有发现。

鳞翅目——蛾子与蝴蝶

蛾子与蝴蝶通常都具有两对具鳞片的翅膀和狭长、卷曲的喙部，躯体表面具有茸毛。蛾子通常将翅膀平置在躯体上面，而蝴蝶的形体通常要大得多，在休息时翅膀与身体垂直。蛾子在琥珀中相当罕见，蝴蝶就更是稀少了，但是在伪造琥珀中却常能看到蝴蝶。翅膀上的鳞片能够折射光线，进而产生光亮的彩色图案。但是，琥珀往往会渗入翅膀之中，导致原始的彩色图案消失或变得非常黯淡（图144）。有些其他种类的昆虫，比如蜡蝉（参见图70），的确保存了彩色的图案，而这是由于它们的翅膀本身具有色素，这些色素在琥珀中并不会受到影响。在昆虫的周围，很容易就能找到一些翅膀鳞片，这可能是蛾子在试图挣脱时所留下的。有时保存在琥珀中的细长口器会延展保存。蛾类中很多不同的科在琥珀中都有保存，但是它们彼此之间难以鉴别。在琥珀中也能发现毛毛虫（图145）。

（左下）图144：波罗的海琥珀中的蛾子（鳞翅目）（长度5.5 mm）

（右下）图145：波罗的海琥珀中的毛毛虫（鳞翅目）（长度8.5 mm）

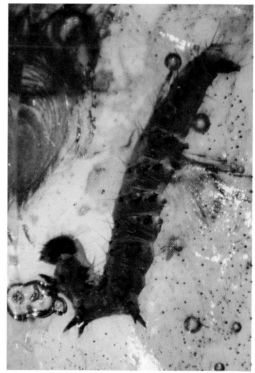

毛翅目——石蛾

石蛾具有两对翅膀，在躯体上方形成顶棚状结构。石蛾在外形上与蛾子很相似，但是它们翅膀是多茸毛的，而不是鳞片状的，另外，它们具有咀嚼式口器，而不是管状的虹吸式口器（图146）。它们在波罗的海琥珀中很常见，但是在多米尼加琥珀中却相当罕见。有很多不同的科都保存在琥珀中，彼此很难分辨。

（右）图146：波罗的海琥珀中的石蛾（毛翅目）（长度8 mm）

（右）图147：波罗的海琥珀中的蝎蛉（长翅目）（翅膀长度11 mm）

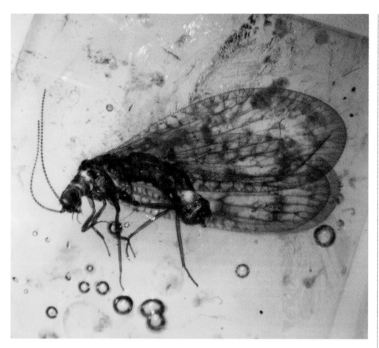

（左）图 148：波罗的海琥珀
中的草蛉（脉翅目）（长度
8 mm）

（下）图 149：英国发现的波
罗的海琥珀中的螳蛉（脉翅目
螳蛉科）（长度 6 mm）

长翅目——蝎蛉

蝎蛉具有两对等大的翅膀，翅脉逐渐分枝，在翅脉之间具有多条横脉（图 147）。蝎蛉具有独特的、细长而朝下的头部，狭长的触角，雄性通常具有瘦长而上弯的尾巴。它们在波罗的海琥珀中极其罕见，只有三个科曾有记录。

脉翅目——草蛉和蚁蛉

草蛉和蚁蛉都具有两对等大的翅膀，翅膀具有大量分枝的翅脉和横脉。大量翅脉都在到达翅边缘之前发生分枝（图 148）。它们在琥珀中非常罕见，但是却有几个科保存在了琥珀中。甚至具有大颚的幼虫也保存在了琥珀中（图 150）。还有一个独特的科，螳蛉科，也曾有保存。它具有狭长、弯曲而多刺的前腿，这与螳螂很相似（图 149）。波罗的海琥珀中脉翅目昆虫很罕见，这一点有些奇怪，因为该目的很多科都以蚜虫为食，而蚜虫在波罗的海琥珀中却很常见。

广翅目——泥蛉

泥蛉与草蛉很相似，只是它们的翅脉更粗壮。它们在波罗的海琥珀中极其罕见，目前的记录有三个科。图 69 中的标本是最近才命名的已灭绝的科——齿泥蛉科[1]的唯一实例。

① 齿泥蛉科是 2005 年根据波罗的海琥珀中的昆虫所建立的新科。

（上）图 150：波罗的海琥珀
中的草蛉（脉翅目）幼虫（包
括颚部的长度 3 mm）

图 151：多米尼加琥珀中的捻翅虫（捻翅目）（长度 1.5 mm）

蛇蛉目——蛇蛉

蛇蛉看起来与草蛉相似，只是它们的胸节狭长。与泥蛉类似，它们在波罗的海琥珀中极其罕见，在多米尼加琥珀中尚无记录。

蚤目——跳蚤

跳蚤是专门寄居在脊椎动物身上的寄生虫。它们非常小（1 mm 或更小），不具有翅膀，身体两侧扁平，具毛。在琥珀中极其罕见。

捻翅目——捻翅虫

捻翅虫都很小（典型长度为 1 mm），具有一对扇形的翅膀，触角分枝，看似天线一样（图 151）。它们是寄居在其他昆虫身上的特异性寄生虫，在琥珀中极其罕见。

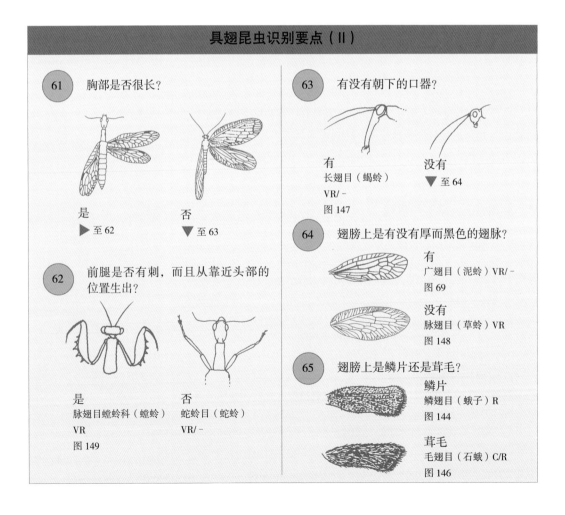

具翅昆虫识别要点（Ⅱ）

61 胸部是否很长？

是 ▶ 至 62

否 ▼ 至 63

62 前腿是否有刺，而且从靠近头部的位置生出？

是
脉翅目螳蛉科（螳蛉）
VR
图 149

否
蛇蛉目（蛇蛉）
VR/ -

63 有没有朝下的口器？

有
长翅目（蝎蛉）
VR/ -
图 147

没有
▼ 至 64

64 翅膀上是有没有厚而黑色的翅脉？

有
广翅目（泥蛉）VR/ -
图 69

没有
脉翅目（草蛉）VR
图 148

65 翅膀上是鳞片还是茸毛？

鳞片
鳞翅目（蛾子）R
图 144

茸毛
毛翅目（石蛾）C/R
图 146

蚊蝇类（双翅目）

　　昆虫纲中的双翅目，即蚊蝇类，其特征在于具有一对翅膀，而后翅退化成为小的棒状结构，被称为平衡棒，用于在飞行期间保持平衡。蚊蝇类在波罗的海琥珀中非常丰富，有时甚至成群保存（参见图2）。

　　双翅目有三个亚目，长角亚目很容易识别，因为它们具有狭长的、分为多节的触角。短角亚目和环裂亚目（家蝇亚目）的触角很短，通常还有一个刚毛状的触角芒。

长角亚目

　　长角亚目是蚊蝇类中最原始的类群，也是波罗的海琥珀中最常见的昆虫。雄性的外生殖器具有一对勾状物。琥珀中保存有多个科，在这里仅对最常遇到的一些类群简单描述如下。

　　大蚊总科的常见类型是大蚊。它们很容易鉴别，因为它们都具有极长的腿部，狭长的躯体，细长的头部和纤弱的翅膀（参见图71）。通常，由于挣扎的缘故，腿已经从身体上脱落下来。翅膀上具有多条翅脉，常具有朝向翅膀末端的方形翅室。大蚊总科在琥珀中相当罕见。

　　蕈蚊总科常见类型为蕈蚊。它们的触角通常很长，翅膀近圆形（图152）。它们的身体通常狭长，但也有短小而丰满的类型。这个类群的多样性很高，琥珀中保存了多个不同的科和属。它们的翅脉很独特，中脉和肘脉通常都在翅膀中部分枝一次。径脉和径分脉通过一条或两条横脉连接。径分脉在翅膀的末端结束，有时会产生一个伸向翅前边缘的分脉。这类昆虫在琥珀中相当常见。眼蕈蚊科是蕈蚊类中一个独特的科。它们的识别特征在于，在翅膀中部只有中脉发生分枝，所形成的分枝脉都强烈弯曲（图153）。肘脉分枝靠近翅膀基部。在径脉和径分脉之间只有一条横脉，径分脉不发生分枝。眼蕈蚊类在波罗的海琥珀中非常常见，但是在多米尼加琥珀中却很罕见。

　　粪蚊科都是食腐的蚊蝇类。它们的躯体很短，触角相当短，翅膀近圆形（参见图72）。在翅脉上与眼蕈蚊的相似之处在于，翅膀中部的中脉分枝和其他一些分枝都呈弯曲状，但不同之处在于其径脉和径分脉向上弯曲，而在靠近翅膀前边缘的中部结束。粪蚊科在多米尼加

（顶）图152：波罗的海琥珀中的蕈蚊（长角亚目蕈蚊总科）（长度5.5 mm），这是雄性个体，通过其外生殖器可判断

（上）图153：波罗的海琥珀中的蕈蚊（长角亚目眼蕈蚊科）（长度3 mm），这是雌性个体，通过其锥形的腹部可判断

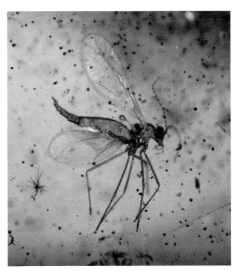

（左上）图154：波罗的海琥珀中一对正在交配的摇蚊（长角亚目摇蚊科），与两个气泡保存在一起（右侧具有羽毛状触角的雄性个体长度为1.6 mm）

（右上）图155：波罗的海琥珀中的瘿蚊（长角亚目瘿蚊科）（长度1.8 mm）

琥珀中相当常见，但是在波罗的海琥珀中非常罕见。

摇蚊科、蠓科和瘿蚊科都是属于摇蚊总科的小型昆虫，通常只有若干个毫米长。翅脉的特征可以很好地区别它们，但是，由于它们都很小，不借助显微镜就很难看清楚。

摇蚊类是不能叮咬的类型，身体狭长，翅膀纤弱（图154）。雄性具有极为特化的羽状触角。径脉很直，平行贯穿至前边缘，与径分脉通过一条单一的横脉而连接。径分脉很直，在靠近翅膀末端处结束。中脉和肘脉都很微弱。肘脉分叉一次，但是中脉不分叉。摇蚊类在波罗的海琥珀中很常见，但是在多米尼加琥珀中很罕见。

蠓类属于叮咬类型。它们与摇蚊类的区别在于，身体更加短小而丰满，翅膀近圆形（参见图103）。它们还具有细长而朝下的口器。径脉和径分脉通过两条横脉连接，向下弯曲，在翅膀前边缘的近中部结束。中脉和肘脉都分叉一次。蠓类在琥珀中相当常见。

瘿蚊类与蠓类相似，都具有丰满的躯体和近圆形的翅膀，但是瘿蚊的触角更长，具有串珠状分节（图155）。翅脉与摇蚊类相似，径分脉都在翅膀末端结束。瘿蚊类通常不具有中脉，如果有，通常也不发生分枝。瘿蚊类的翅膀通常多毛，不过摇蚊类和蠓类的一些物种都具有多毛的翅膀。瘿蚊类在波罗的海琥珀中很罕见，但是在多米尼加琥珀中相当常见。

蛾蠓科的常见类型是蛾蠓和白蛉。它们是一些很小、具毛、触角具有串珠状分节的蚊蝇类（图156）。翅膀多毛，具有多条等距、平行的翅脉。白蛉亚科主要包括吸血的白蛉，它们往往具有细长的口器（参见图104）。蛾蠓科在波罗的海琥珀中很罕见，但是在多米尼加琥珀中却相当常见。

除了蠓和白蛉之外，长角亚目中还有其他两个吸血的科，分别是蚊科（蚊子）和蚋科（墨蝇）。蚊子通常外形与摇蚊很相似，都具有狭长的躯体和纤弱的翅膀（参见图 101）。它们与摇蚊的不同之处在于，蚊子更大一些，而且具有细长的刺吸式口器。翅脉的不同之处在于，蚊子的径分脉和中脉都分枝。很多人都认为蚊子在琥珀中非常常见，但是实际上却并非如此。目前在波罗的海琥珀中只发现少量标本，在多米尼加琥珀中也只有几十块标本而已。琥珀中大多数所谓的"蚊子"实际上都属于其他的类群：大多数最终都被证明属于蕈蚊类。墨蝇——不要与黑蚜（半翅目蚜总科）混淆了——具有短小、丰满的身体，触角很短（参见图 105）。它们的翅膀与蕈蚊类相似，都是近圆形的。它们的径分脉也在翅膀的末端结束，中脉也具有分叉。蚋科与蕈蚊类的区别之处在于，其中脉的分叉非常接近于径分脉与径脉的横脉连接处，而不是在翅膀的中部。肘脉从翅膀的基部发出，其中的一条肘脉通常弯折。蚋科在波罗的海琥珀中非常罕见。

短角亚目

短角亚目和环裂亚目都属于具很短触角的蚊蝇类。短角亚目的触角通常纤弱，可分为几个节，从末端发出刚毛状的触角芒。

短角亚目的很多科在琥珀中均有记录，但是只有三个科经常会遇到。鹬虻科成员是大型、强壮的蚊蝇类，具有近圆形的翅膀，翅膀上通常有一颗翅痣（图 157）。翅膀有很多翅脉，从独特的中部翅室发出三或四条翅脉，这些翅脉在翅膀的后边缘附近结束。鹬虻科在波罗的海琥珀中相当罕见，在多米尼加琥珀中极其罕见。

在琥珀中还保存有几个与鹬虻科非常相关的科，但是都属于极其

（左上）图 156：波罗的海琥珀中的蛾蠓（长角亚目蛾蠓科）（长度 1.3 mm）

（右上）图 157：波罗的海琥珀中的鹬虻（短角亚目鹬虻科）（右侧标本长度 5 mm）

（左上）图 158：波罗的海琥珀中的舞虻（短角亚目舞虻科）（长度 3.7 mm）

（右上）图 159：波罗的海琥珀中的长足虻（短角亚目长足虻科）（长度 2.3 mm）

罕见的类型。其中腐木虻科与鹬虻科的区别之处在于具有狭长的、多节的触角（参见图 87）。虻科常见的类型为吸血的牛虻。它们比鹬虻科要大，在翅膀的末端具有宽大分叉的径分脉（参见图 102）。

舞虻科的成员通常比鹬虻科要小，其狭长而尖锐的喙部通常从头部向下伸出（图 158）。这个科的翅脉多种多样。径分脉在翅膀的末端结束，要么不发生分叉，要么就在接近末端处分叉。有几个亚科都具有细长的中翅室，从中发出两条或三条翅脉。这些亚科大多数的肘脉不会延伸到翅膀后边缘，取而代之的是两条横脉从肘脉上水平伸出，形成了一个斜向的、上端朝下的"丁"字形结构。那些并不具有中翅室和"丁"字形肘脉的类型属于合室舞虻亚科。它们的翅脉更简单，有一条不分枝的中脉，连有两条横脉。一条横脉与径分脉汇合，另一条与肘脉汇合。横脉要么从翅中央处发出，要么轻微交错。舞虻科昆虫在琥珀中相当罕见。

长足虻科成员都是一些小型蚊蝇类，虽然被称为长足，但是它们的腿相对于其他类群并不是明显地更长。雄性个体中，外生殖器很大，通常弯曲在身体之下。翅脉简单，具有少数几条不分枝的翅脉（图 159）。在中脉和朝向翅后边缘的肘脉之间有一条唯一而独特的横脉。有时中脉在翅膀末端结束以前就发生弯折。长足虻科在波罗的海琥珀中非常常见，但是在多米尼加琥珀中相当罕见。

环裂亚目

环裂亚目是蚊蝇类中最进化的亚目，也是在现代最常见的类群，但是在琥珀中它们却很罕见。它们通常具有串珠状的触角，触角上具有从近基部发出的触角芒。有时触角芒上具有很多毛。这个亚目中有很多科在琥珀中都有保存，但是对于非专业人员来说很难区分。这个类群的很多成员翅脉都很简单，与长足虻类的翅脉很相似，但是，它们在中脉和靠近翅中部的径分脉之间还有一条横脉（图 160）。具有这种特征的其中一个科就是果蝇科（果蝇），该科只在琥珀中留有化石记录（参见图 83）。还有一个可识别的科是蚤蝇科，该科常见的类型就是蚤蝇。它们形体微小，黑色，具毛，具有带刺的触须（靠近嘴部的感觉器官），近圆形的翅膀具有独特的翅脉（参见图 106，图

（上）图 160：波罗的海琥珀中的较为进化的蚊蝇类（环裂亚目）（长度 4.3 mm）

161）。径脉和径分脉粗壮，在前翅边缘处结束。四条其他的翅脉从径分脉或翅基部发出，它们不分枝、等间距、略弯曲、至翅端或翅后缘结束。蚤蝇科在琥珀中相当罕见。另一个独特的科是食蚜蝇科，它们通常为不具毛的较大蚊蝇类。中脉和肘脉并不延伸至翅后缘，而是向上弯曲，与上部的翅脉汇合（图 162）。它们在波罗的海琥珀中很罕见，在多米尼加琥珀中极其罕见。

（上）图 161：多米尼加琥珀中的蚤蝇（环裂亚目蚤蝇科）（长度 1.7 mm）

（左）图 162：波罗的海琥珀中的食蚜蝇（环裂亚目食蚜蝇科）（长度 6 mm）

蚊蝇类识别要点

66 触角的长度远大于头部的长度吗?

是
▼ 至 67

否
▶ 至 75

67 翅膀细长形还是近圆形?

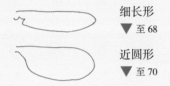

细长形
▼ 至 68

近圆形
▼ 至 70

68 翅膀上有没有翅室?

有
可能是大蚊总科(大蚊)
R
图 71

没有
▼ 至 69

69 有没有刺吸式长口器和鳞状翅膀?

有
蚊科(蚊子)
VR/R
图 101

没有
可能是摇蚊科(摇蚊)
VC/R
图 154

70 翅膀上有很多等距、平行的翅脉吗?

是
蛾蠓科(蛾蠓)
R/C
图 156

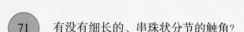

否
▶ 至 71

71 有没有细长的、串珠状分节的触角?

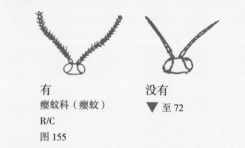

有
瘿蚊科(瘿蚊)
R/C
图 155

没有
▼ 至 72

72 径分脉是否延伸到了翅膀末端?

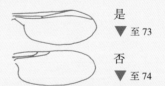

是
▼ 至 73

否
▼ 至 74

73 肘脉或径分脉有分枝吗?

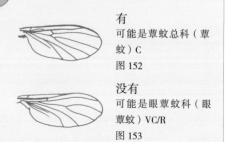

有
可能是蕈蚊总科(蕈
蚊)C
图 152

没有
可能是眼蕈蚊科(眼
蕈蚊)VC/R
图 153

蚊蝇类识别要点

74 肘脉分枝吗？

分枝
蠓科（蠓）
C
图103

不分枝
粪蚊科（粪蚊）
VR/C
图72

75 翅膀上有翅室吗？

有
▼ 至76

没有
▼ 至78

76 在靠近翅后缘处是否有翅脉？

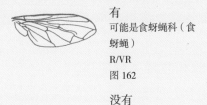

有
可能是食蚜蝇科（食蚜蝇）
R/VR
图162

没有
▼ 至77

77 肘脉与臀脉是否汇合？

是
可能是鹬虻科（鹬虻）
R/VR
图157

否
舞虻科（舞虻）
R
图158

78 有多少条横脉？

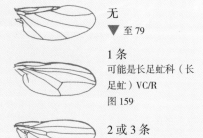

无
▼ 至79

1条
可能是长足虻科（长足虻）VC/R
图159

2或3条
▼ 至80

79 径分脉是否延伸到翅膀的末端？

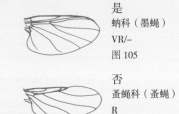

是
蚋科（墨蝇）
VR/–
图105

否
蚤蝇科（蚤蝇）
R
图161

80 横脉聚合是否接近翅膀中部？

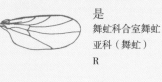

是
舞虻科合室舞虻亚科（舞虻）
R

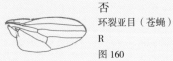

否
环裂亚目（苍蝇）
图160

图 163：哥伦比亚柯巴脂中的兰花蜜蜂（针尾下目蜜蜂科兰花蜜蜂亚科）（长度 10 mm）

胡蜂、蜜蜂、蚂蚁和叶蜂（膜翅目）

　　膜翅目的昆虫都具有两对翅膀，翅膀上具有简化的翅脉。前翅通常具有一颗翅痣，前翅通常远大于后翅。有两个亚目：广腰亚目和束腰亚目。

广腰亚目——叶蜂

　　广腰亚目的昆虫都很大，翅膀上具有很多独特的翅室。叶蜂在琥珀中极其罕见。

束腰亚目——胡蜂、蜜蜂和蚂蚁

　　束腰亚目主要有胡蜂、蜜蜂和蚂蚁。它们不同于广腰亚目之处在于胸部与腹部之间有一定的收缩（参见图 45），它们中很多成员都具有螫针。很多科在琥珀中都有保存。束腰亚目又被分为针尾下目和寄生下目。

图 164：波罗的海琥珀中的掘土蜂（束腰亚目泥蜂科）（长度 3.8 mm）

针尾下目

　　针尾下目通常形体大，四条平直的翅脉从翅膀基部发出，在翅膀中部具有若干翅室。蜜蜂总科主要由蜜蜂构成。蜜蜂很容易鉴别，因为它们的身体丰满，通常具毛，头的前部扁平，具有两个垂向细长的眼睛，触角在中部弯曲 90 度。蜜蜂在波罗的海琥珀中很罕见，但是，在多米尼加琥珀中有一个种却很常见——多米尼加原无刺蜂（参见图 100）。这是一种小型、不具有螫针的蜜蜂（4 mm 长），属于蜜蜂科，它收集树脂来筑巢，因此经常会被树脂捕获。有时，还会在其腿上发现花粉囊，其中充满了树脂。蜜蜂是开花植物重要的授粉者。在哥伦比亚的柯巴脂中曾发现有兰化蜜蜂（兰花蜜蜂亚科）化石，其超乎寻常地呈现出了金属般的绿色（图 163）。与蜜蜂密切相关的科是泥蜂科，泥蜂科成员俗名为掘土蜂，掘土蜂与蜜蜂一样，都是开花植物的授粉者。掘土蜂相对蜜蜂来说更加纤细，而且体表没有毛（参见图 51，图 164）。前翅通常具有两个较小的、几乎为方形的翅室朝向翅膀的末端。掘土蜂科在琥珀中非常罕见。

　　胡蜂科的成员都具有社会性。今天我们能从黄黑相间的条纹上很容易地辨认它们，而且它们能够螫人。休息时它们的翅膀可以纵向对折，

（右）图 165：多米尼加琥珀中群居的胡蜂（针尾下目胡蜂科）（长度 13 mm）

（左下）图 166：波罗的海琥珀中的蚂蚁（针尾下目蚁科）（长度 4.1 mm）

（右下）图 167：波罗的海琥珀中的飞蚁（针尾下目蚁科）（长度 6.5 mm）

这让它们的翅膀在巢穴中不会受到损害（图165）。它们在琥珀中极其罕见。

蚁科主要有蚂蚁，它们是多米尼加琥珀中保存最为丰富的昆虫，在波罗的海琥珀中也很常见。这并不令人惊奇，因为蚂蚁经常在树干上爬上爬下。蚂蚁与其他膜翅目昆虫的不同之处在于，它们在胸部和腹部之间有两处收缩。它们的头部呈方形，眼睛小而圆（参见图49），颚较大，触角在中部弯曲90度。它们与蜜蜂类似，也是社会性昆虫，并具有不同的等级。工蚁很容易辨别，因为它们没有翅膀（图166）。带翅的蚂蚁（雄蚁和蚁后）具有独特的翅脉。翅脉上大多数都可以识别出一个十字形，由两条朝向翅膀末端交叉的翅脉所构成，很多类型还在翅膀中部具有方形的翅室，该翅室早期为菱形（图167）。

寄生下目

寄生下目通常要比针尾下目要小得多。大多数身长都不超过2 mm（参见图59），通常沿着翅前缘具有单一的、不分枝的翅脉。琥珀中曾保存有多个不同的科，但是往往需要高分辨率的显微镜才能进行鉴别，对于非专业人员来说，很难彼此分辨。

寄生蜂类中成员最多，最独特的类型就是姬蜂总科。它们躯体很长，触角细长，在腹部末端通常有一个狭长而尖突的产卵器。具有狭长产卵器的姬蜂寄生于生活在树木中的昆虫幼虫身上。翅脉比其他寄生蜂类略复杂，从前翅基部发出三条平直的翅脉。姬蜂总科又可分为两个科：姬蜂科在翅痣下方通常具有两个翅室（图168），其中的一个翅室较大，弯曲，在末端还有一个额外的狭窄翅室；相对而言，茧蜂科的翅痣下方具有三个翅室（图169）。姬蜂总科在琥珀中很罕见。

（左下）图168：波罗的海琥珀中的姬蜂（寄生下目姬蜂科）（长度6 mm）

（右下）图169：波罗的海琥珀中的茧蜂（寄生下目茧蜂科）（不包括产卵器部分长度3.4 mm）

（上）图 170：多米尼加琥珀中的缨小蜂（寄生下目缨小蜂科）（长度 0.25 mm）

（下）图 171：波罗的海琥珀中的小蜂（寄生下目小蜂总科）（长度 1 mm）

缨小蜂科和异卵蜂科的俗名都是缨小蜂，因为在它们翅膀的边缘环绕着一圈长毛。缨小蜂科成员具有四只细长的翅膀，而异卵蜂科成员只有两只近圆形的翅膀。这两个科都在其他昆虫身上产下寄生性的卵。缨小蜂类是已知最小的昆虫，最小的现代类型只有 0.14 mm 长，它也是琥珀中所保存的最小的昆虫，最小的只有 0.25 mm 长（在多米尼加发现，图 170）。异卵蜂科是非常原始的类群，波罗的海琥珀中所保存的标本与现代物种无法区分（图 172）。缨小蜂科在琥珀中非常罕见，但这可能是由于它们非常小，很容易被忽略的原因。整体上，寄生蜂类在波罗的海琥珀中都非常罕见，但是在多米尼加琥珀中相当常见。

小蜂也属于小蜂总科，该总科其他一些成员与其他束腰亚目成员的不同在于，它们在胸部与腹部之间并不具有典型的收缩带（图 171）。

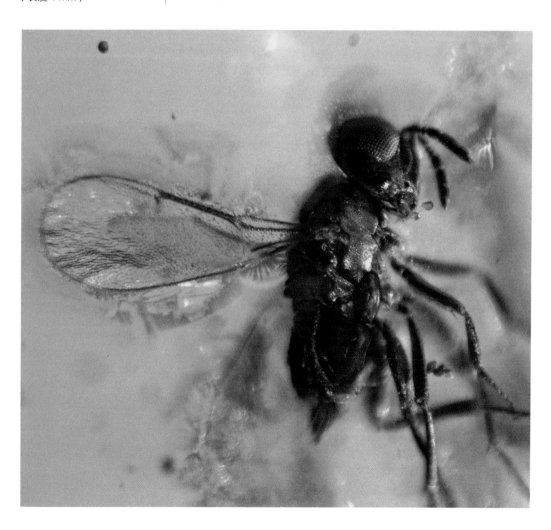

胡蜂、蜜蜂、蚂蚁和叶蜂识别要点

81　有多少只翅膀?

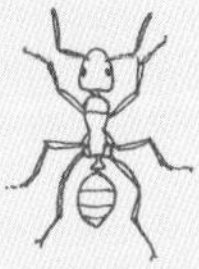

无
蚁科（蚂蚁）
C/VC
图 166

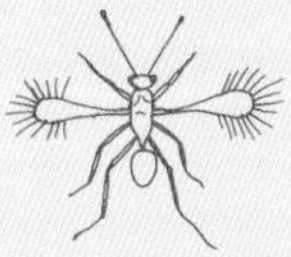

2 只
（具有一圈外包围的
毛）异卵蜂科（缨
小蜂） VR
图 172

4 只
▼ 至 82

82　胸部和腹部之间有没有收缩?

有
束腰亚目
▼ 至 83

没有
▶ 至 91

83　翅膀是否纵向折叠一半?

是
胡蜂科（胡蜂）VR
图 165

否
▼ 至 84

84　前翅有没有方形翅室和（或）十字形
结构?

有。
蚁科（蚂蚁）C/VC
图 167

没有
▼ 至 85

85　身体是否短小而丰满?

是（可能具毛）
蜜蜂总科（蜜蜂）
VR/C
图 100

否
▶ 至 86

86　是否从翅膀基部发出四条翅脉?

是
可能是针尾下目
▼ 至 87

否
寄生下目
▼ 至 88

87　在接近翅膀末端附近有没有两个小
翅室?

有
可能是泥蜂科（掘土
蜂）VR
图 164

没有
可能是另一种针尾下
目胡蜂 VR

胡蜂、蜜蜂、蚂蚁和叶蜂识别要点

88 从前翅基部是否发出三条翅脉?

是
可能是姬蜂总科
▼ 至 89

否
▶ 至 90

89 在翅膀中部有没有一个较大而弯转的翅室?

有
姬蜂总科(姬蜂)R
图 168

没有
可能是茧蜂科(茧蜂)R
图 169

90 整体很小(约 1 mm 或更小)吗?翅膀周围环绕着长毛?

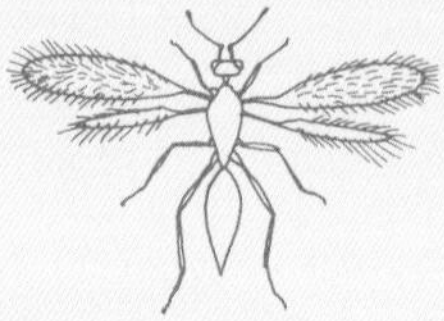

是
可能是缨小蜂科(缨小蜂)VR
图 170

否
另一种寄生蜂 R/C

91 翅膀上只有一条单一的不分枝的翅脉吗?

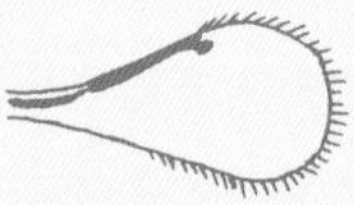

是
小蜂总科(小蜂)R/C
图 171

否
可能是广腰亚目(叶蜂)VR

图 172:波罗的海琥珀中的缨小蜂(寄生下目异卵蜂科)(长度 0.7 mm),这种缨小蜂今天依然存在

甲虫类（鞘翅目）

　　鞘翅目的昆虫主要是甲虫类。它们的典型特征是具有一对高度硬化的鞘翅，当甲虫休息时，一对鞘翅会平放在身体中部。鞘翅目是现代昆虫中多样性最高的类群，大约已经描述了 400 000 个种，却仍然有很多种尚未描述。总体而言，甲虫在琥珀中相当普遍，有超过 70 个科保存在琥珀中，但是，就每个科而言通常都很罕见。在波罗的海琥珀中，它们往往具有白色的包衣，很不幸的是，包衣将甲虫的躯体隐藏了起来，使我们难以对这些甲虫进行鉴定。另外，大多数甲虫的科看起来彼此很相似，非专业人员难以鉴定。大多数在琥珀中保存的甲虫都只有几到十几毫米长。更大的甲虫就更是罕见了，这可能是因为更大的甲虫大多都很强壮，足以挣脱黏稠的树脂。

　　鞘翅目有四个亚目，其中的三个都有琥珀保存的记录。主要的甲虫都来自于多食亚目。

多食亚目

　　多食亚目的食性非常多样。考虑到琥珀中保存了该目中许多看似一样的科，我们在这里只对四个独特的总科和科进行描述如下。

　　波罗的海琥珀中最常见的甲虫来自叩甲总科，该科常见类型是叩头虫。它们具有细长的身体，鞘翅尖突，有条纹（图 173，图 178）。胸甲的角尖突，与鞘翅聚合。叩甲总科的甲虫都在木头上进行钻孔，以腐烂或变质的木质为食。它们在多米尼加琥珀中非常罕见。

图 173：波罗的海琥珀中的叩头虫（鞘翅目叩甲总科）（长度 8 mm）

（上）图 174：波罗的海琥珀中的隐翅虫（鞘翅目隐翅虫科）（长度 2.3 mm）

（右）图 175：多米尼加琥珀中的长小蠹（鞘翅目象甲科）（长度 3.2 mm）

图 176：多米尼加琥珀中的隐翅虫（隐翅虫科）（长度 2 mm），这只甲虫可能生活在白蚁巢穴中

　　多米尼加琥珀中最常见的甲虫属于长小蠹科。它们的常见类型是长小蠹（其英文俗名为平足虫，但是这类昆虫的脚并不是明显的扁平状）。它们具有长圆柱形的身体，胸节细长，腿间距宽，触角短，触角最后一节膨大（图 175）。长小蠹科甲虫也是钻孔型甲虫，它们可能就在形成多米尼加琥珀的李叶豆上进行钻孔。长小蠹科在波罗的海琥珀中极其罕见。

　　隐翅虫科的俗名是隐翅虫，在西方又被称为魔鬼之驷。它们具有细长的身体，鞘翅很小（图 174），它们看起来与蠼螋（革翅目）很像，只是没有尾铗。隐翅虫类具有很大的颚，是食量巨大的猎食者，专以其他无脊椎动物为食。多米尼加琥珀中保存了它们的罕见标本，标本中的甲虫身躯细小，具有硕大的、半圆形的头部，触角很短，身体短促而渐细（参见图 90，图 176）。这类甲虫尤其适合生活在白蚁巢穴之中。另外一个具有较小鞘翅的科是大花蚤科（参见图 48），这类甲虫具有独特的分枝状触角，在琥珀中极其罕见。

象甲总科常见类型是象鼻虫，它们很容易鉴别，因为它们具有突出的喙部（图 177）。它们的触角从喙部发出，通常在中部弯曲。象鼻虫以植物为食，在琥珀中很罕见。

（右）图 177：多米尼加琥珀中的象鼻虫（鞘翅目象甲总科）（长度 1.7 mm）

（对页）图 178：缅甸琥珀中的大型甲虫（鞘翅目叩甲总科）（长度 19 mm）此甲虫学名为缅甸方肩吉丁虫（*Acmaeodera burmitina*）（吉丁甲科 Buprestidae），参见：Cockerell T D A, 1917. Insects in Burmese amber. Annals of the Entomological Society of America, 10: 323–329.

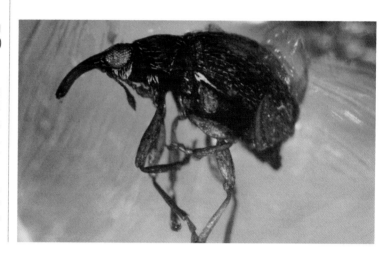

部分甲虫识别要点

92 有没有细长的鞘翅和具尖角的胸节？

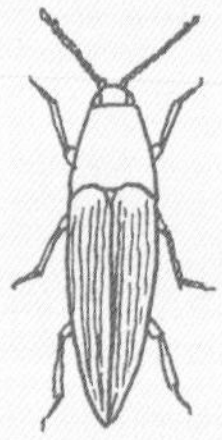

有
叩甲总科（可能是叩头虫）
C/R
图 173

没有
▼ 至 93

93 身体是否呈圆柱形而且具有狭长的胸节？

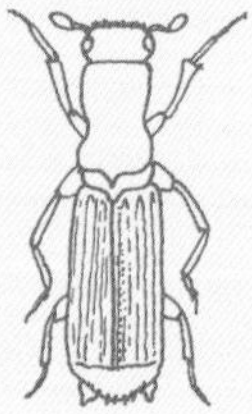

是
长小蠹科（长小蠹）
VR/C
图 175

否
▶ 至 94

94 鞘翅短狭吗？

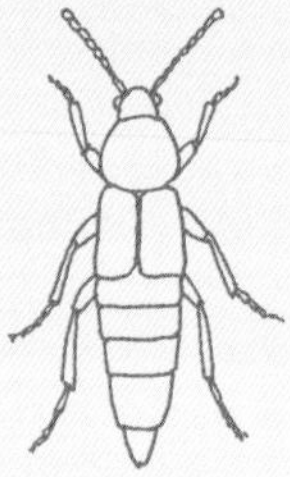

是
可能是隐翅虫科（隐翅虫）
R
图 174

否
▼ 至 95

95 吻部是否细长？

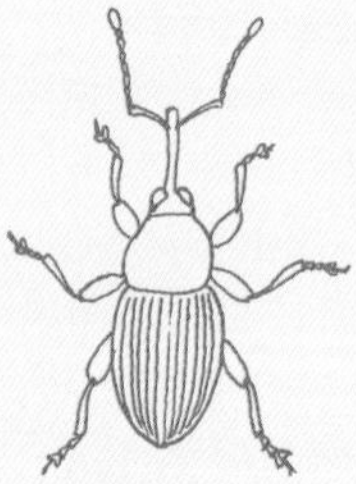

是
象甲总科（象鼻虫）
R
图 177

否
另一种类型的甲虫

第五章
抚顺琥珀、缅甸琥珀以及如何打磨琥珀

抚顺琥珀

　　中国已发现的琥珀资源相对较少。目前主要有河南西峡的晚白垩世琥珀,辽宁抚顺的始新世琥珀,以及福建漳浦的中新世琥珀等。其中,抚顺琥珀硬度高,块体较大,非常适合雕刻加工,并且是我国目前唯一的含虫琥珀资源。因此,具有很高的经济意义、文化意义和科学意义。随着抚顺西露天矿实施保护性开采和部分矿坑的回填,继续寻找煤层中的琥珀已十分困难。因此抚顺琥珀更显得弥足珍贵,已被作为国家地理标志产品实施特殊保护。

抚顺琥珀的产地与地层

　　抚顺西露天矿,东西长 6.6 km,南北宽 2.2 km,是亚洲最大的露天煤矿(图 179)。抚顺琥珀就蕴藏于该矿坑的古城子组煤层中。古城子组煤层含有大量硅化木,部分硅化木垂直煤层层面产出,显示了盆地演化初期快速充填埋藏的特征。煤层富含琥珀颗粒,垂向向上含量逐渐增加,靠近计军组组底部富集成层。而覆于古城子组煤层之上的计军屯组虽无琥珀,但也出产了丰富的植物和鱼类化石。另外,与琥珀同层产出的还有煤精,它色泽乌黑,是一种腐泥混合类型煤,因其质地细密、韧性大而适于雕刻成各种造型(图 180)。

　　产出琥珀的古城子组的时代为距今 5000 万年的始新世早期,恰处于气候温暖期。该时期抚顺处在亚热带湿润气候带,年均温 15~21℃,

（对页）图 179：抚顺西露天矿全景图,矿坑已部分回填

（下）图 180：抚顺琥珀独有的花珀制成的佛珠（长 560 mm）

年均降水量大于 1000 mm。由于气候温热、雨量充沛，当时的抚顺森林植被异常茂密，各类昆虫和其他动物繁盛，形成了生机盎然的亚热带森林景观。

抚顺琥珀的特征

抚顺琥珀是由柏科植物（包括水杉、红杉、水松等）所分泌的树脂所形成。抚顺琥珀原石直径一般小于 10 厘米，透明度较高。由于在渐新世西露天矿地层遭受岩浆侵入，地层中的琥珀受到了不同程度的岩浆热液烘烤作用，因而具有了不同的光泽。抚顺琥珀硬度较高，适合打磨雕刻成各种造型，因而与波罗的海琥珀（始新世）、缅甸琥珀（白垩纪中期）、多米尼加琥珀（中新世）一起成为世界上最重要的珠宝级琥珀。抚顺琥珀制成的工艺品多种多样，常见的有珠类、雕刻类、镶嵌类和异形类制品等（图 180，图 181），一百多年来，抚顺琥珀的加工沿用手工制作，形成了自己独特的风格，其雕刻制作技艺已被国务院列入第四批国家级非物质文化遗产保护名录（图 182）。

抚顺琥珀的处理和研究方法

抚顺琥珀原石多包藏在泥页岩和煤层中，表面一团漆黑，根本无法看清它的本来面目，只有经过加工处理，方能露出其真正本色。琥珀工艺品的制作过程，要经过选料、切坯、搓孔、打磨、抛光、洗眼、串联、盘养等多道工序。选料是按照原材料块状的大小，分门别类，或用作雕件，或用作首饰。不能做工艺品的原料，一律为下脚料，或制作合成琥珀，或入药处理。

图 181：煤精雕刻的大象和抚顺琥珀项链（大象高 260 mm）

（左）图182：抚顺花珀雕刻的鼻烟壶（高度77 mm）

（上）图183：抚顺琥珀带皮原料（单块重量约10~20 g）

（上）图184：抚顺琥珀去皮裸料（单块重量约10~20 g）

（上）图185：抚顺琥珀中的水杉（裸子植物门柏科）（长度约10 mm）

　　原石先要去皮，就是用铲剥除原料表面上的各种矿物质（图183，图184，参见图237）。经去皮后，再经过打磨，方能看清其中是否有裂纹，是否隐藏着昆虫及植物的枝叶。如果发现生物，这块原料立刻就会价格不菲，便会根据里面隐藏的生物种类考虑如何设计制作。有的琥珀无需任何加工，就是一件极有珍藏价值的工艺品或天然的动植物标本。经打磨后的琥珀，如果没有隐藏的动植物，就要根据块状的大小、形状、颜色、透明度来量体裁衣，或设计成雕件、吊坠，或设计成项链、手链、耳坠、戒指等。适合制成雕件的琥珀，需进一步经过选料、规形、设计、定荒、雕刻、上细、打磨、抛光、搓孔、编绳、镶座等工序。而含有生物的琥珀，则需要研究者根据昆虫或植物的情况，利用磨片机进行打磨，将原石磨成薄片（参见图238），并对琥珀表面抛光，便于拍照。

　　研究琥珀中的昆虫需要高精度的照片，以还原昆虫的各种细节特征。打磨后的琥珀薄片可在立体显微镜（反射光）或者生物显微镜（透射光）下观察。琥珀标本在不同角度经常会出现折射和反射现象，为了减轻或消除这些干扰，研究者常常将清水或其他液体涂于琥珀表面，或者将琥珀直接浸入特定的液体中。由于琥珀昆虫一般都为立体保存，拍照时往往需要在一定的焦距范围内连续拍摄几十张甚至几百张照片，然后利用图像处理专业软件对照片进行合成。

抚顺琥珀中保存的各种生物和科研价值

　　迄今，抚顺琥珀中已发现节肢动物（包括昆虫）至少21个目，超过80个科，150个种；另有大量微体化石；以及少部分植物化石（图185）。其中多足纲有蜈蚣，蛛形纲有丰富的螨虫、蝉虫、蜘蛛、盲蛛

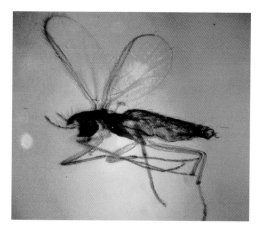

和伪蝎。而昆虫最为丰富，包括至少 16 个目，79 个科，上百个种。其中最常见的就是双翅目（摇蚊科和眼蕈蚊科为主，图 186~ 图 189），约占总数量的 70%；其次为膜翅目的蚁类和蜂类，约占 13%；再次为半翅目的蚜虫（图 190）以及啮虫目的树虱（图 191）。抚顺琥珀中昆虫个体大都较小，很少超过 20 mm，大型昆虫异常珍贵。

　　尽管抚顺琥珀的内含物在保存质量和数量上都位居世界前列，但相比于著名的波罗的海琥珀，抚顺琥珀透明度不够高，内含的昆虫大多较为干瘪，立体性较弱，因此昆虫的拍摄难度较高，许多细节特征不易展现出来。

（上）图 186：抚顺琥珀中的摇蚊（双翅目摇蚊科）（长度约 3 mm）

　　抚顺琥珀形成于始新世早期一个重要的温室效应时期，东亚季风气候形成于该温室期之后。因此，抚顺琥珀生物群可有助于研究温室效应对生物演化的影响。另外，抚顺琥珀的古地理位置极其重要。始新世时期亚洲大陆与欧洲、北美、印度大陆间仍有海峡隔开，抚顺

（右）图 187：抚顺琥珀中的多个眼蕈蚊（双翅目眼蕈蚊科）（长度约 3 mm）

（左下）图 188：抚顺琥珀中的蛾蠓（双翅目蛾蠓科）（长度约 1 mm）

（右下）图 189：抚顺琥珀中的蚊蝇类（双翅目长角亚目）（长度 2 mm）

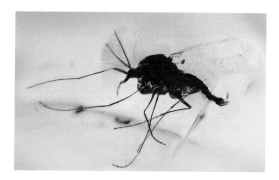

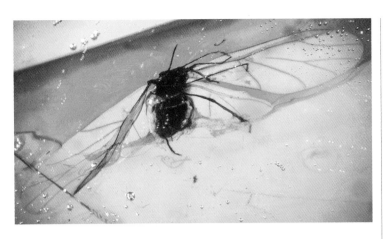

琥珀保存有始新世时期亚洲大陆唯一的琥珀生物群，这为我们了解当时欧洲—亚洲—印度—北美昆虫动物群分布格局的演变提供了重要线索（图 192）。

　　抚顺琥珀中的节肢动物为研究该类群的起源和辐射提供了最直接的证据。一些生态意义极其重要的种类也提供了昆虫生态行为演化的证据，例如蚂蚁等社会性昆虫直接反映了昆虫社会性行为的起源和复杂化，蓟马等传粉昆虫反映了有花植物和昆虫的协同演化关系。目前，抚顺琥珀中的生物类群仍有待深入研究，其蕴含的学术价值还需要进一步挖掘。随着中国琥珀研究的逐步开展，抚顺琥珀的国际影响力将会不断提高。

（左上）图 190：抚顺琥珀中的蚜虫（半翅目蚜科）（长度约 2 mm）

（右上）图 191：抚顺琥珀中的树虱（啮虫目）（长度约 6 mm）

（左）图 192：始新世时期全球古地理图和琥珀资源分布。A. 抚顺琥珀；B. 印度琥珀；C. 乌克兰罗夫诺琥珀；D. 波罗的海琥珀；E. 法国琥珀；F. 美国阿肯色州琥珀；G. 加拿大琥珀

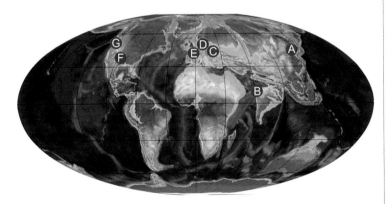

缅甸琥珀

　　缅甸琥珀主要产自缅甸北部克钦州胡康河谷（图 193）。在古代，缅甸北部受中国控制，当时的缅甸琥珀被称为中国琥珀。直到 1836 年，才有欧洲人首次进入胡康河谷的琥珀产地。1891~1892 年，印度地质学家采集了一些琥珀标本，根据附带的岩石将其时代定为中新世，这些琥珀标本后来被命名为缅甸琥珀。

（右）图 193：缅甸胡康河谷
琥珀矿区

直到 2000 年，本书作者罗斯通过研究缅甸琥珀中的
昆虫，才认识到缅甸琥珀的时代是白垩纪。后来，中国
学者施光海教授等人根据缅甸琥珀内的火山灰碎屑，将
其时代确定为距今约 9879 万年。缅甸琥珀虽然形成于
白垩纪，却埋藏在中新世的地层中。很可能缅甸琥珀经
过了自然作用的搬运并被重新埋藏，这或许解释了为什么
很多缅甸琥珀原矿均呈现出被水流冲刷后的圆卵状（图 194）。
目前，缅甸琥珀的开采都在较深的地下，通过挖掘垂直的坑道
进行采集（图 195），采集具有一定的危险性。到了雨季，很多矿坑便

（上）图 194：缅甸琥珀中的金
珀原石，呈卵圆形，表面略粗
糙，可能经历过河流冲刷，被
搬运后再埋藏（长约 40 mm）

（右）图 195：缅甸胡康河谷
琥珀矿区用于挖掘琥珀的垂直
矿井

无法开采，因此缅甸琥珀采集的难度很大。琥珀原石采集后，要进行初选（图196），然后再运出矿区，当地的运输工具是传统的大象（图197）和摩托车。

　　缅甸琥珀是世界上硬度最高的琥珀之一，莫氏硬度约为2.5~3，高于波罗的海琥珀和多米尼加琥珀。缅甸琥珀硬而不脆，矿化度高，高温不易融化，特别适合工艺雕刻。缅甸琥珀原矿较大，有些可达上百公斤。不过，缅甸琥珀杂质和裂纹较多，有些裂纹内部还填充了方解石（图198）。缅甸琥珀的色彩极其丰富，具有强烈的荧光反应，紫外线照射往往呈现出明艳的蓝色荧光。另外，缅甸琥珀所包含的生物种类极其丰富。

（左）图196：缅甸当地人在胡康河谷矿区附近分拣琥珀

（左）图197：缅甸胡康河谷矿区中利用大象运输各种琥珀矿料

（上）图198：缅甸琥珀裂缝内填充的白色方解石，图片为沿裂缝掰开琥珀后所拍摄，白色片状矿物为方解石（长约20 mm）

缅甸琥珀的形成环境以及生物种类

缅甸琥珀的产地在白垩纪时期是典型的热带地区。在琥珀内经常能看到大量被子植物的叶片、花朵（图 199）和果实，也有不少杉树的叶子，甚至还常有类似波罗的海琥珀的栎树茸毛（也可能是桫椤类的毛）。缅甸琥珀的产出植物多种多样，有待进行深入研究。但是值得注意的是，很多所谓的植物珀中内含物并非真正的植物，而是琥珀内部的裂纹或者形似植物叶和花的杂质，甚至有些是裂纹内部被氧化后产生的网状纹路，这与植物的叶脉结构非常相似（图 200）。

（右）图 199：缅甸琥珀中植物花朵的苞片（苞片长约 5 mm）

（右）图 200：缅甸琥珀中伪植物叶片，实际是裂纹内部被氧化形成的网状纹路（最小网格直径约 0.01 mm）

　　缅甸琥珀生物种类极其丰富，尤其是节肢动物更是种类繁多，主要是昆虫纲中的双翅目（蚊蝇类和虻类）和鞘翅目（甲虫）。缅甸琥珀中比较罕见的生物还有大型蜗牛、蛙类和蜥蜴等。缅甸琥珀的生物种类丰富，为白垩纪晚期的生物与古环境研究提供了极其珍贵的材料。

　　近年来，随着对缅甸琥珀的不断研究，在缅甸琥珀中发现有大量的金龟总科和叩甲总科等取食朽木和腐殖质的甲虫，也发现有奇蜡科、蝓蜡科、步甲科、长泥甲科等半水生昆虫（图201~图214），还有真菌类的孢子囊，甚至有的琥珀中还包裹着水胆。这些特征暗示出，缅甸琥珀形成于潮湿闷热的环境，可能当时的森林中还有很多溪流和水塘。另外，缅甸琥珀的包裹岩石还具有海洋生物遗迹，很可能出产缅甸琥珀的森林比较靠近海洋（图215）。

（上）图201：缅甸琥珀中的步甲（鞘翅目步甲科）（长度5 mm）

（左）图202：缅甸琥珀中的金龟（鞘翅目金龟总科）（长度6 mm）

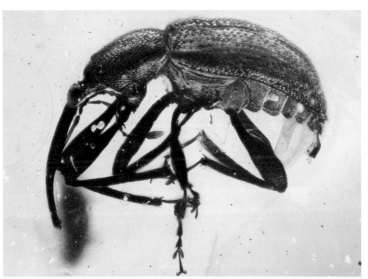

（左）图203：缅甸琥珀中的象鼻虫（鞘翅目象甲总科）（长度6 mm）

（右）图204：缅甸琥珀中的
鳞蛉（脉翅目鳞蛉科）（长度
7 mm）

（右）图205：缅甸琥珀中的蠓
（双翅目蠓科）（长度5 mm）

（下）图206：缅甸琥珀中的
马陆（倍足纲）（长度7 mm）

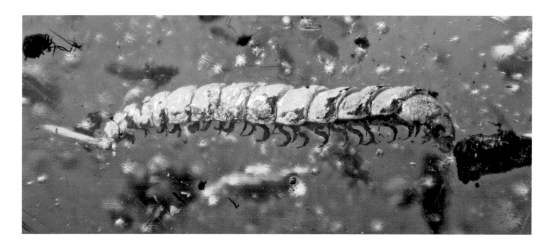

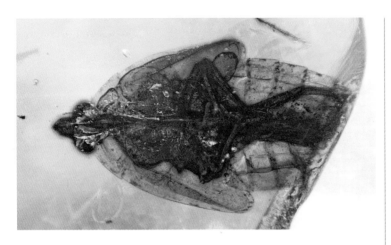

（左）图 207：缅甸琥珀中的蜡蝉（半翅目蜡蝉总科）若虫（长度 10 mm）

（左）图 208：缅甸琥珀中的蛾子（鳞翅目小翅蛾科）（长度 3 mm）

（左下）图 209：缅甸琥珀中的蜘蛛（蛛形纲），图中为雄性个体，具有明显膨大的须肢（交接器）用于传送精子（长度 5mm）

（右下）图 210：缅甸琥珀中的尺蝽类（半翅目同翅亚目尺蝽科）昆虫（长度 4 mm），有待深入研究

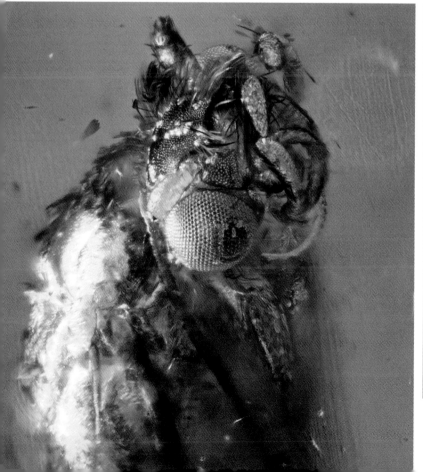

（对页）图 211：缅甸琥珀中一只完整的螳螂（长度 25 mm）

（上）图 212：缅甸琥珀中的蛾子（鳞翅目）（长度 7 mm）

（左）图 213：图 212 中昆虫复眼的放大特写，左侧散落的是鳞片

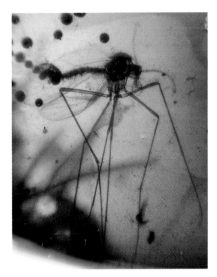

（左上）图214：缅甸琥珀中的双翅目长角亚目昆虫（长度5 mm），有待进一步研究

（右上）图215：缅甸棕珀原石，外皮带有的牡蛎化石，图中白色部分为化石牡蛎的附着壳（牡蛎壳长约10 mm）

缅甸琥珀的种类划分

缅甸琥珀很受琥珀爱好者和收藏人士的青睐，这里列举一些常见的种类划分方式和判断标准。但是这些划分都不属于学术性的，也难以找到严格精准的定义。仅供读者参考。

金珀 缅甸琥珀中颜色最浅的种类，颜色呈现金黄色或棕黄色，通透度很高。有些特别干净的金珀，甚至可以做镜片使用。金珀一般埋于矿区深层或者隔氧空间内，直接由树脂矿化形成。这是缅甸琥珀中颜色最漂亮的品种之一。金珀颜色较美，物理特性良好，特别适合做首饰和工艺品（图216，图217）。

（右）图216：利用澄清的缅甸金珀磨制的吊坠（长约50 mm）

血珀　缅甸琥珀中颜色较深的种类，在光照透视下呈血红色或金红色。但在非透视情况下呈暗红色。血珀是缅甸琥珀在空气中氧化的结果，各种质地的缅甸琥珀经过空气氧化都会呈现血珀的颜色。另外，值得注意的是，琥珀经过氧化后，质地也产生了一定的变化。血珀硬度更高，但是也更脆。表皮在空气中长期暴露会出现风化的裂纹，呈现灰蒙蒙的表面。血珀一般无法形成巨大的原始矿料，所谓的大型矿料往往也仅在表皮几厘米处呈血红色，而内部依旧是金珀等质地。血珀的颜色是逐渐过渡的（图218），从深血色到淡金红之间的颜色都有，这与氧化程度有关。

棕珀　缅甸琥珀中产量最大的种类，颜色多为棕色或棕红色。在显微镜放大下观察，可发现棕珀内有均匀的呈雾状的细小颗粒物（直径0.01~0.03 mm），正是这些颗粒物导致了棕珀的颜色较深，通透度不高（图219）。由于棕珀经常出现较大的矿料，所以常被用于雕刻大型吊坠、摆件等工艺品，以弥补棕珀色彩和质地的缺陷。

蓝珀　其实是荧光反应更强烈的琥珀（图220，图221），主要是金珀，少数有棕珀等。该类品质的琥珀在自然光下呈现蓝色的光泽（在深色背景下尤其明显）。但是，当光照条件变化时，蓝珀的光泽就会时有时无。蓝珀细分还有蓝珀、紫罗兰等（图222）。

蜜蜡与根珀　蜜蜡其实是半透明至不透明的琥珀。缅甸蜜蜡（图223）质地多不均匀，大多混杂有金珀或棕珀，颜色偏淡黄色或奶白色，不明亮，几乎没有波罗的海蜜蜡那样的亮黄色或亮奶白色。与蜜蜡类

（上）图217：缅甸金珀制成的雕件（长约50 mm）

（左下）图218：缅甸血珀原石的横切片（最宽处20 mm），从外围的红色向中心逐渐变为黄色，显示了逐渐降低的氧化程度

（右下）图219：缅甸棕珀，内部有雾状细微颗粒（长约30 mm）

（右）图 220：缅甸琥珀鱼雕件（长度 150 mm）

（右）图 221：图 220 的缅甸琥珀鱼雕件在紫外光下的荧光

（左）图 222：打磨后的蓝珀把件（长约 75 mm）

（右）图 223：缅甸蜜蜡，蜜蜡与棕珀呈分层状混杂（长约 30 mm）

似的还有一种完全不透明的琥珀，常被称为根珀（图224）。根珀多呈白色、灰色、暗黄色，密度较重，内常掺杂方解石结晶和黄铁矿结晶，置于饱和食盐水中往往下沉，荧光反应较弱或几乎没有。根珀仅在缅甸琥珀中发现，常见的有白根珀（图225）和棕根珀（图226）等。

水胆珀以及其他琥珀　琥珀内部含有气泡和水珠等包裹物，而且气泡或水珠可以随琥珀位置变化而流动。这样才是真正的水胆珀，也称之为活胆珀。除了以上这些常见的划分以外，还有一类颜色偏深的琥珀，其内部常有类似煤炭或腐败植物杂质的黑色不透明包裹物，这类琥珀被称为翳珀，但是并没有明确的规范和标准，不再赘述。

怎样打磨琥珀？

天然的琥珀往往包裹有一层粗糙的外皮，这层外皮是在树脂变成琥珀的过程中形成的，其成分较混杂，往往不透明。为了对琥珀进行更好的观察，或是利用琥珀制作装饰品及首饰，就必须要对天然琥珀进行打磨。打磨琥珀是非常有趣而且愉悦的过程，琥珀本身硬度不高，非常适合手工打磨，而且可以自己决定各种造型，或许还能发现琥珀中所保存的各种生物呢！有些琥珀在打磨的过程中会产生淡淡的松香味，这很正常。不同琥珀的硬度稍有不同，打磨的手感也大不一样。缅甸琥珀可能是最硬的琥珀，所散发的味道也最淡，这可能是因为它的年代非常古老，石化程度更高。下面以缅甸琥珀为例，介绍一下打磨琥珀的方法，这些都是琥珀爱好者所总结的经验性方法，供读者参考。

需要准备待打磨的琥珀，各个目数的耐水砂纸（从200目到2000目，甚至3000目），金刚砂锉刀，防尘面罩，水盆，棉布，牙膏（图227，图228）。

把琥珀和200目耐水砂纸放进水里打湿，用砂纸磨掉琥珀表面凹凸不平的风化表皮（图229）。在去除风化表皮的过程中会不断产生白色的琥珀粉末，可在水里随时进行清洗，再继续磨，要注意观察琥珀打磨的情况。金刚砂锉刀用于去除棱角、倒角这些地方的风化表皮（图230）。风化表皮去除完后，可以用400目耐水砂纸配合金刚砂锉刀，去除尖锐的地方，把琥珀大体形状打磨得平滑圆润。这一步是比较耗时的，但非常重要。

接下来按顺序用600目、800目、1000目到2000目（甚至3000目）的耐水砂纸逐步从粗到细一道一道打磨（图231，图232）。很多人不知道什么时候才开始换下一级砂纸，这个疑问可以从两方面回答：①越粗的砂纸在琥珀表面留下的打磨痕迹就越粗，在用砂纸时可以比对不同的打磨痕迹；②砂纸在刚开始打磨的时候会出现大量白色污垢，越发深入打磨后，产生的白色污垢会越少，当打磨到手握砂纸已经开始有点打滑时，就可以换更细的砂纸了。

（上）图224：缅甸根珀雕件（宽度41 mm）

（上）图225：缅甸白根珀（长约50 mm）

（上）图226：普通的根珀，混杂有少量棕珀，颜色较浅的是根珀，颜色最深的是棕珀（长约30 mm）

图 227：带风化壳的琥珀原石

图 228：琥珀原石和打磨设备

图 229：用砂纸打磨

图 230：用金刚砂锉刀打磨

图 231：用更细的砂纸进一步打磨

图 232：打磨效果

图 233：用棉布抛光

图 234：用小型的抛光机配合羊毛轮抛光

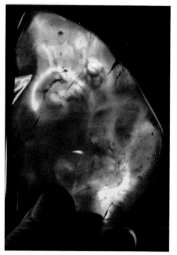

利用 2000 目或 3000 目砂纸打磨之后，琥珀表面已经很平滑了，但还不光亮，所呈现的是一种亚光效果。这时可以将牙膏（利用其中的细颗粒摩擦剂）涂抹在琥珀表面，再用棉布反复摩擦抛光（图 233），如果有小型的抛光机配合羊毛轮也可以（图 234）。这样打磨之后的琥珀就非常光亮，既易于观察内含物，也可以拿来做装饰品了（图 235，图 236）。

以上是可以在家庭中操作的简易琥珀打磨方法，对于专业化生产（图 237）和科学研究（图 238）来说，方式有所不同，需要用到较为专业的仪器设备和专门的技术。

（左上）图 235：抛光效果

（右上）图 236：抛光后透射效果

（左下）图 237：抚顺琥珀研究所的手工艺人正在进行去皮流程

（右下）图 238：研究人员利用磨片机打磨含虫琥珀

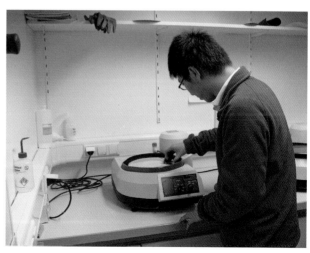

译名对照与索引

图片版权说明

致谢

感谢克莱尔·麦里西（Claire Mellish），保罗·泰勒（Paul Taylor）以及凯文·韦布（Kevin Webb）的帮助。

在本书中文版成书的过程中，化石网论坛的各位琥珀爱好者做了大量前期工作，他们是来自化石网论坛的网友：珍珠，adnimi，黄金森林，流水无心，tonysmith12。另外，中国科学院南京地质古生物研究所的张海春研究员和蔡晨阳对本书的译文提出了建议；抚顺琥珀研究所所长、琥珀鉴赏大师范勇对本书的抚顺琥珀部分提出了建议；南京的朱磊先生、云南的李墨女士、上海的夏方远先生以及抚顺琥珀精品艺术馆为本书的增补内容提供了部分图片和资料；科学出版社的孙天任先生对中文书稿进行了细致的编辑与校对，没有他们的帮助，本书不可能顺利出版，在此一并致谢！另外特别感谢本书作者罗斯博士专门为中国读者撰写序言并提供图片！

本书的出版得到了国家自然科学基金委员会科普专项基金（41320002）和现代古生物学和地层学国家重点实验室资助。